高分子基礎ガイド

藤本啓二
川口正剛
小泉　智
福井有香
箕田雅彦
本柳　仁
［著］

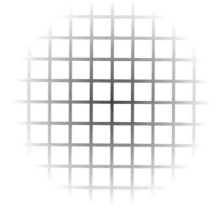

朝倉書店

執筆者一覧

藤本啓二	慶應義塾大学理工学部応用化学科
川口正剛	山形大学大学院有機材料システム研究科
小泉　智	茨城大学大学院理工学研究科ビームライン科学領域
福井有香	慶應義塾大学理工学部応用化学科
箕田雅彦	京都工芸繊維大学工芸科学研究科分子化学系
本柳　仁	京都工芸繊維大学工芸科学研究科分子化学系

は じ め に

　われわれの日常生活において，繊維，プラスチック，ゴムなど，高分子物質は欠かせないものとなっています．一方，その生産と消費は莫大なものとなり，大量なゴミが発生するようになっています．一部は投棄などによって海洋に流出し，マイクロプラスチックとして生態環境への影響が懸念されています．このようなプラスチック問題をはじめとして，この世の中で起こる問題のほとんどが，複雑で捉えどころがなく，専門家でさえも有効な対策を見出せずに右往左往しています．また，地球温暖化への対策として脱炭素社会の実現が強力に進められています．このような問題は地球に住んでいるすべての人に関係しています．われわれには，事実を正しく理解し，問題を見出し，じっくりと多様なアイデアを考えて，実際の対策を粘り強く行うことが求められています．さらに，それら対策の妥当性についても自らの力で理解できるように，学んでいかなければいけません．他に惑わされずに自らが考えて生きていく時代になってきています．

　プラスチック問題に対しては，すべての責任をプラスチックに押し付けるのではなく，まずは高分子を正しく理解することから始めるべきであると，強く主張したいと思います．例えば，毛皮など動物由来製品の代用として合成高分子が使われることによって，動物保護につながっています．また，航空機や自動車では金属部材を軽量なプラスチックに置き換えることよって，燃料の使用削減と CO_2 排出の抑制につながっています．また，高分子物質にはタンパク質，核酸，多糖のような天然高分子も含まれています．これらは地球に優しいバイオベース素材として注目されています．また，高分子には分解性を示すものがあり，いくつかは環境中で無毒な低分子化合物へと分解されていきます．このように視点を広げてアイデアを考えていくためにも学んでいく姿勢が大切になってきます．

　さて，高分子を専門とするものには，科学的な知見をオープンにして，その内容をわかりやすく伝達していくことが求められています．初めて学ぶことや専門的なことはややこしくて，途中で投げ出しそうになります．そこで，学んでいくためのガイドブックとして，本書を作成することにしました．第1章では，高分子がなぜ重要なのかを考えてほしいと思います．その手掛かりとして，第2章で

は高分子の特色を解説しています．ここでは高分子の仕組みを易しい科学の言葉で表現しています．さらに第3章では高分子の特性を解説し，機能を生み出すことを学んでいきます．第4章では高分子を作る方法を解説しています．これまでの章で学んできた高分子のイメージを実際の形にすることを学びます．さらに第5章では高分子の未来について解説しています．

　各項目原則1ページ（例外的に2〜3ページもあり）という形をとっていますが，高分子への入り口はどこからでもよいと思います．各項目を自由につなげて高分子についての理解を深めていってほしいと思います．また，いくつかの項目に対しては理解の助けとなるような図表を付録として入れました．ご活用ください．教員には，講義内容を補足してまとめるための副読本として，あるいは深く学んでいく際の入門書として使ってもらえればと思います．本書の作成にあたっては，簡潔な表現を用いて共通のイメージを抱くことができることを第一と考えました．項目の選択とそのつながりに当を得ていない点も少なくないと思います．その際は，ご指摘いただけましたらありがたく存じます．

　2022年1月

藤本啓二

目 次

第1章　高分子の重要性

1.1　日常生活の中における高分子

　みなさんの身の回りを見回してみてください．あれもこれも高分子からできていると驚かれると思います．

　高分子は巨大な鎖状分子であり，溶液，ゲル，微粒子，フィルムなど様々な形態で用いられます（図1）．さらに，高分子を架橋したゴム，熱によって変形するプラスチック，3次元に硬化させた樹脂，高分子を配向させた繊維などの形態もあります．高分子は様々な形に成型でき，軽くて丈夫で着色も容易であり，数多くの製品の素材として使われています．また，機能性高分子として製品の機能を担っている高分子もあります．

　はじめは天然高分子を用いて作られていた製品が，時代とともに合成高分子に置き換わっていきました．**ポリスチレン**（PS），**ポリエチレン**（PE），**ポリプロピレン**（PP），**ポリ塩化ビニル**（PVC）は**汎用樹脂**と呼ばれ，中心的な合成高分子素材となっています．さらに，強度や耐熱性を高めたエンジニアリングプラスチック（**エンプラ**）と呼ばれる高分子があります．この他，導電性，透明性，物質透過性，耐候性，難燃性，分解性，生体適合性，反応性などを付与した機能性高分子が開発されています．さらに，ガラス繊維，炭素繊維などを高分子と組み合わせた複合材料もあります．最近では環境にやさしいグリーンポリマーとして分解性高分子とともに，天然高分子に再び注目が集まっています．デンプンなどの多糖類，コラーゲンなどのタンパク質，DNA と RNA といった核酸に，合成高分子において開発されてきた特性や機能を付与する試みがなされています．

　この章では，日常生活における高分子材料を製品の分野にわけて紹介していきます．

〔藤本〕

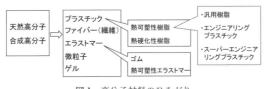

図1　高分子材料のひろがり

参考　日本プラスチック工業連盟　http://www.jpif.gr.jp/1profile/shoukai.htm

1.2　合成高分子

　高分子は，自然界にある天然高分子と化学的に合成される**合成高分子**，さらに天然高分子を化学反応によって一部修飾した**半合成高分子**に分けることができます．天然高分子である紙や木綿（セルロース），絹（ポリペプチド）は，古くから加工され身近な素材として使われてきました．象牙の代替材料として開発されたニトロセルロース（1870年）は，セルロースを硝酸化（ニトロ化）することで合成され，繊維材料としても利用されていました．一方，合成高分子では，偶然に塩化ビニルからポリ塩化ビニル（1835年）が得られていましたが，実用的な合成高分子としてはフェノール樹脂（ベークライト，1909年）が初めてとなります．天然高分子を大量に入手するのが困難であったことから，高分子を合成する方法の開発が盛んになってきました．そして，石油化学工業，有機合成化学と触媒化学の発展により，様々な合成高分子が生み出されてきました．

　高分子を合成するためのアプローチは，高分子の繰り返し単位となる低分子（モノマー）間に共有結合を形成させ，多数のモノマーをつなげていく方法になります．モノマーから高分子を合成する化学反応を**重合反応**と呼び，モノマー間に結合が形成する機構（重合機構）により，**逐次重合**（図1）と**連鎖重合**（図2）に分類することができます．**逐次重合**では，モノマーは結合を形成するための官能基を2つ以上もっていて，これらが互いに結合することで高分子が生成します．モノマーどうしが結合して二量体，モノマーと二量体から三量体，二量体と二量体から四量体……というように逐次的に高分子へと生長していきます．例えば，ヒドロキシ基を2つもつエチレングリコールとカルボキシ基を2つもつテレフタル酸との間でエステル結合が逐次的に形成されて，PETが生み出されます．

　一方，**連鎖重合**では，多重結合やひずみをもった環状結合など不安定な化学結合をもつモノマーに対し，反応性の高い活性種を生じる重合開始剤が反応し，新たに結合が形成すると同時に再び活性種が生成し，この活性種がモノマーと反応することで高分子が生成します．ひとたび重合開始剤とモノマーが反応すると，活性種と同じ化学構造が生長末端に現れるため，連鎖的に重合反応が進行します．例えば，スチレンは重合開始剤から生じたラジカル種が他のスチレンモノマーの二重結合に付加することで，付加したスチレンの末端に再びラジカル種が生成します．この末端ラジカル種がさらにスチレンモノマーと反応することで，鎖が連鎖的に生長してポリスチレンが得られます．

〔箕田・本柳〕

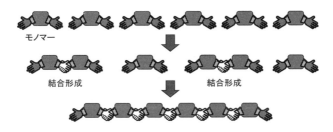

モノマー

結合形成　　　　　結合形成

逐次重合によるポリエチレンテレフタレート（PET）の合成

テレフタル酸　　エチレン
　　　　　　　　グリコール

エステル
結合形成

エステル
結合形成

図1　逐次重合

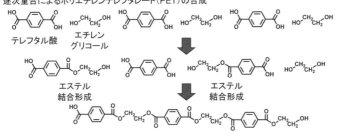

開始反応

活性種

開始剤　　モノマー

同じ活性種が
生成

生長反応

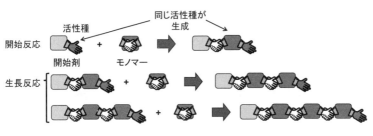

連鎖重合によるポリスチレンの合成

開始反応

開始剤　　スチレン

同じ活性種が
生成

＊；活性種（ラジカル、カチオン、
　　　アニオン、金属配位）

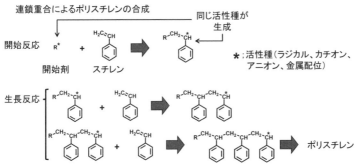

生長反応

ポリスチレン

図2　連鎖重合

1.3 天然高分子

　高分子を人工的に合成できるようになる前から，人類は動植物由来の天然高分子を材料として利用してきました．天然高分子は，一次構造，立体規則性，分子量など形状と構造の均一性が高いものが多く，主に①ポリペプチド（タンパク質），②多糖，③核酸からなっており，この他には天然ゴムがあります．

　①タンパク質はα-アミノ酸のアミノ基とカルボキシ基のアミド結合（ペプチド結合）の繰り返しからなっています（図1）．その配列は遺伝子（DNA）の情報で決められています．一般にアミノ酸が2〜10のものをオリゴペプチド，10〜50のものをポリペプチド，50以上のものをタンパク質と呼びます．ペプチド結合の NH と C=O 間の水素結合によって特徴的な二次構造を形成し，分子内水素結合によってらせん構造（α-ヘリックス），分子間水素結合によってβ-シート構造をとり，さらに溶媒，pH，温度によってランダムコイルに二次構造転移（変性という）を起こします．タンパク質は二次構造体がさらに折りたたまった高次構造体を形成し，生命維持に必要な様々な機能を発現しています．コラーゲン，ケラチン，シルクフィブロインなどは繊維状タンパク質と呼ばれ，ポリペプチド鎖が長く伸び繊維状になり，さらにケラチンでは三重らせん構造を形成します．

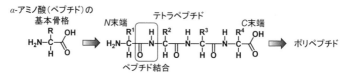

図1　ポリペプチド（タンパク質）の化学構造

　②複数のグリコシド結合で糖骨格が連結した多糖の代表例として，デンプンがあります（図2）．デンプンには，単糖であるグルコースがα-1,4 結合（α-グルコースの 1 位の炭素と 4 位の炭素間での結合）を繰り返し直鎖状となる**アミロース**と，α-1,6 結合（α-グルコースの 1 位の炭素と 6 位の炭素間での結合）をもつ分岐した**アミロペクチン**があります．アミロースはらせん構造をとりやすく熱水に溶けますが，アミロペクチンは熱水に溶けません．同じモノマー単位であるグルコースがβ-1,4 結合（β-グルコースの 1 位の炭素と 4 位の炭素間での結合）で繰り返し配列したものを**セルロース**と呼びます．セルロースは直鎖状の高分子ですが，分子内と分子間の強い水素結合のため水に溶けません．このように同じグルコースをモノマーとする多糖でも結合様式により様々な性質を示します．セル

ロースは植物細胞の細胞壁に多く見られ，木材や綿花，紙といった材料に含まれます．この他，昆虫や甲殻類の外骨格に含まれるキチンも多糖類の一種です．

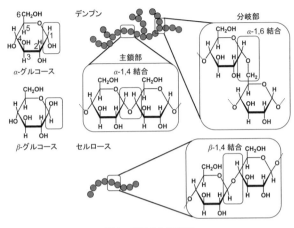

図2 多糖の化学構造

③遺伝情報を担っている高分子が核酸です．人間のDNAは引き伸ばすと5 cmもある巨大なものです．核酸にはデオキシリボ核酸（DNA）とリボ核酸（RNA）があり，いずれも図3に示すようにリン酸部分，塩基部分，ペントース部分からなるヌクレオチドがリン酸エステル結合を繰り返した構造です．RNAはリボースですが，DNAはリボースの2位の水酸基が水素に置換したデオキシリボースで，加水分解されにくい安定な構造になっています．側鎖の塩基間に水素結合が働くことによって高次構造を構築します．特に相補的塩基対をもつ2本のDNAは安定な二重らせん構造へと自己組織化します． 〔箕田・本柳〕

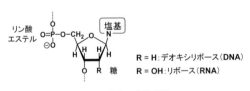

図3 核酸の化学構造

1.4 無機高分子，ハイブリッド

　高分子には炭素や水素などを主骨格とする有機高分子と，それら以外の原子を骨格とする無機高分子があります．無機高分子を分類したものを図1に示します．天然に広く分布しているケイ酸塩はシロキサン結合 -Si-O- を骨格として共有結合でつながった三次元構造をもつ無機高分子です（図2）．また，ダイヤモンドや黒鉛も自然界に存在する高分子です．前者は規則性が非常に高い sp^3-結合からなる三次元ポリマー結晶であり，後者は sp^2-結合の炭素が二次元的に広がった層を形成し，それがさらに積層された構造をとっています．粘土質のアルミニウムケイ酸塩であるモンモリロナイトやベントナイトも層状の構造をもち，イモゴライトなどは剛直円筒状の構造をもった無機高分子です．ガラス，セラミックス材料，合成黒鉛，炭素繊維などの無機高分子は合成によって作ることができます．

　一方，シリコーン樹脂（ポリシロキサン）は天然のケイ酸塩と同じ主鎖構造をもつ無機高分子です（図2）．側鎖にはメチル基やフェニル基などの有機置換基をもっているので有機／無機ハイブリッドポリマーです．主鎖がケイ素だけからなるポリシラン，–P=N–結合からなるポリホスファゼン，ゲルマニウムからなるポリゲルマン，ポリカルボシラン，さらには金属が配位した金属錯体ポリマーも合成されています．

　一般に無機材料は有機材料に比べて耐熱性や力学強度に優れています．自然界において貝殻や甲殻類などは無機物と有機物が高度に複合化した高機能材料を作り出しています．高分子材料においても有機材料と無機材料を組み合わせた複合材料が多数開発され，われわれの生活を支えています．例えば，自動車のタイヤは天然ゴム中にカーボンブラックやシリカ微粒子が分散した有機／無機複合材料です．また，高分子の力学強度を高めるためにガラス繊

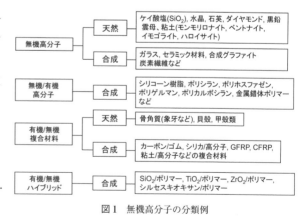

図1　無機高分子の分類例

維が複合化されたガラス繊維強化プラスチック（GFRP），炭素繊維が複合化された炭素繊維強化プラスチック（CFRP）が開発されています．前者はお風呂の浴槽や船舶などに用いられ，後者は航空機の主翼に用いられるほど高い信頼性と強度をもった材料になっています．

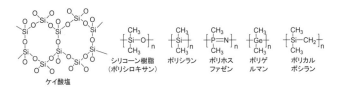

ケイ酸塩　　シリコーン樹脂　ポリシラン　ポリホス　ポリゲ　ポリカル
（ポリシロキサン）　　　　　ファゼン　ルマン　ボシラン

図2　有機／無機高分子の例

　先端材料の開発においては有機高分子と無機高分子の境界線がなくなってきています．互いの短所を補い，それぞれの長所を活かし，さらに相乗効果によって新しい性能を発揮させることを目指した研究開発が盛んに行われています．図3には有機・無機ハイブリッド化への期待をまとめたものです．有機材料と無機材料を分子レベル，ナノレベルで複合化させることによって，それぞれ単独では成しえない高性能な材料が開発できると考えられています．例えば，SiO_2 の原料であるテトラエトキシシランを高分子中でゾル–ゲル反応を行うと，複合化によって力学強度が向上した透明材料が得られます．シルセスキオキサン，TiO_2, ZrO_2 のナノ微粒子をそれぞれ高分子中にナノ分散化させることによって様々な機能を有するハイブリッド材料が開発されています．　　　　〔川口〕

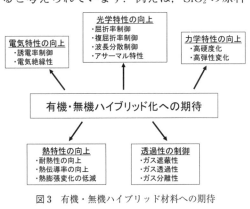

図3　有機・無機ハイブリッド材料への期待

文献　高分子学会編「透明プラスチックの最前線」エヌ・ティー・エス（2006）

1.5　生活・台所用品

　食器など台所用品には主として PP が用いられています（図1）．PP は結晶性のため，汎用樹脂の中では融点が高く，電子レンジで加熱もできます．また，鍋の取っ手には**フェノール樹脂**，**メラミン樹脂**，**尿素樹脂**が使われています．それぞれフェノール，メラミン，尿素をホルムアルデヒドと付加縮合した架橋性高分子で，耐水性で燃えにくく，硬いといった特性をもっています．フライパンの表面には**ポリテトラフルオロエチレン**（PTFE）というフッ素樹脂がコーティングされています（テフロン加工）（図2）．PTFE の表面エネルギーは低いため，水をはじき（撥水性），ものがこびりつきにくい（低付着性）表面が得られます．洗浄用スポンジは，軽量で柔らかい**ポリウレタン**（PU）や，硬くて耐薬品性に優れたメラミン樹脂（図3）の発泡体で作られています．床掃除用粘着クリーナーの粘着剤の主成分は**アクリル樹脂**や**ゴム**などで，充填剤，軟化剤など添加剤によって粘着力の調節がなされています．キッチンカウンターは人工大理石で作られています．これは砕いた石材を**メタクリル樹脂**や**ポリエステル樹脂**で固めたものです．トイレは陶器だけでなく，PS にゴムを加えた**耐衝撃性ポリスチレン**や，スチレンにブタジエンとアクリロニトリルを共重合した耐薬品性に優れた高分子（**ABS 樹脂**）が使われています．さらに便器本体は有機ガラスといって，メタクリル樹脂や**ポリカーボネート**（PC）から作られた透明で軽くて衝撃に強い高分子で，一体成型によって作ることができます．風呂の浴槽はガラス繊維とプラスチックを複合化した**ガラス繊維強化プラスチック**（GFRP）という高分子で作られています．弾性が高く，耐水性で腐食しにくい特性をもっています．　　　　〔藤本〕

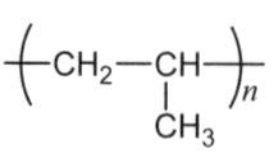

図1　PP 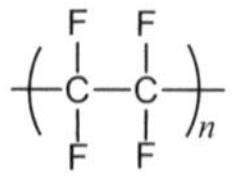　　　図2　PTFE 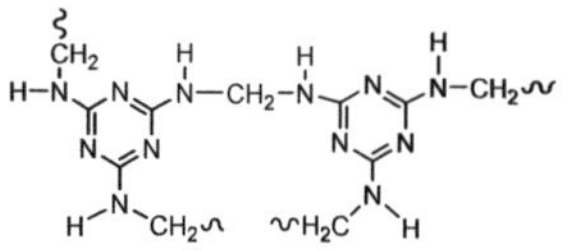　　　図3　メラミン樹脂（一例）

1.6 食品容器・包装

　清涼飲料水などの容器には**ポリエチレンテレフタレート**（PET）から作られた
ボトルが使われています（図1）. これはテレフタル酸とエチレングリコールの
縮合重合によって得られる結晶性ポリエステルで, 透明性と耐衝撃性に優れてい
ます. 最近では使用済みボトルを再びPETボトルにする試みもなされています
（ボトルtoボトル）. キャップはPPですが, バイオマス由来の素材の開発も行
われています. マヨネーズやケチャップの容器は, 酸素バリア性の高い**エチレン
とビニルアルコールの共重体**（EVOH）（図2）を柔らかい**低密度ポリエチレン**
（LDPE）ではさんだ3層構造になっています. 牛乳パックも紙をLDPEではさ
んだ3層構造になっています. レトルトパックも高分子素材とアルミ箔を張り合
わせた多層構造であり, 中間層に酸素を吸収するために脱酸素剤を封入したパッ
クもあります. カップ麺の容器は軽くて断熱性が高い発泡スチロールです. これ
はPS（図3）に泡を含ませて多孔質にしたものです. 近年, バイオマス由来高
分子を使用した容器の開発が進んでいます. アイスモナカの皮は**デンプン**からで
きていて, 食べられる容器です. 野菜と**寒天**をシート状に加工した新しい素材も
あります. 容器を包むラップは, 透明でガスバリア性と粘着性に優れた**ポリ塩化
ビニリデン**（PVDC）からできています. 業務用ラップは引っ張って包装するた
め, 伸縮性の高いPVCが用いられています. 塩素を含まないPE製のラップも
あります. 容器でもPS製は耐熱性が低いため電子レンジ不可で, PP製は電子
レンジ可です. また, シリコーンは柔軟で高い耐熱性をもつため, 電子レンジ用
の調理容器として用いられています. 　　　　　　　　　　　　　　　　〔藤本〕

図1　PET	図2　EVOH	図3　PS

参考　日本食品包装協会　http://shokuhou.jp/
　　　　日本プラスチック食品容器工業会　https://www.japfca.jp/

1.7 文房具・おもちゃ

本やノートは紙から作られています．紙は木材や草などから抽出したセルロース繊維を漂白処理したパルプ（晒パルプ）を抄いて作られます（上質紙）．使用した紙からインキなどを脱墨して再パルプ化したものが再生紙です．プラスチックフィルムをベースとした合成紙もあります．紙の表面に顔料をコーティングして平滑で白色度が高くしたものを塗工紙と呼びます．鉛筆もヒノキ科の樹木など，**セルロース**から作られています（図1）．ボールペンや筆箱はPPやPSでできていて，消しゴムは紙についた鉛筆の黒鉛を移しとるもので，PVCには柔らかくするために可塑剤が添加されています．消しくずを出しやすくするために，炭酸カルシウムが配合されています．天然素材の糊には，とうもろこし由来のデンプンが使われています．合成糊には**ポリビニルピロリドン**（PVP）が使われています（図2）．

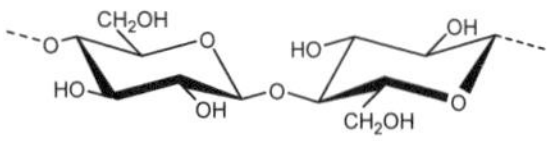

図1　セルロース

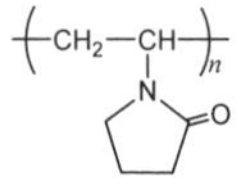

図2　PVP

おもちゃには，①機械的・物理的特性，②可燃性，③化学物質に関する安全基準（STマーク制度）があります．プラモデルはPS製から軽くて丈夫な**ABS樹脂**に代わっています．人形は燃えやすい**セルロイド**（ニトロセルロースと可塑剤の樟脳からなる）から燃えにくい素材に代わり，腕は柔らかいPVC，胴体はABS樹脂，腰はPPというように部位によって硬さの違う高分子が用いられています．レゴブロックは石油由来のABS樹脂からバイオマス由来素材に置き換えが始まっています．粘土は天然素材の紙や小麦粉，さらに**シリコーン**製もあります．ぬるぬるしたスライムは**ポリビニルアルコール**（PVA）にホウ砂を加えて架橋した高分子ゲルです．スクイーズなどの柔らかいクッションは，ゲルではなく，PUのスポンジ構造からできています．PUを合成するときに二酸化炭素を発生（発泡）させて作られています．　　　　　　　　　　　　　　〔藤本〕

参考　日本玩具協会　https://www.toys.or.jp/

1.8 電気・電子製品

　高分子には自由電子がないため，電気抵抗が大きく，高電圧にも耐えることができる絶縁材料です．抵抗率の高い高分子には，**変性ポリフェニレンオキシド**（相溶する PS を添加してアロイ化），**ポリブチレンテレフタレート**（PBT），PC（図1）などがあり，電化製品の筐体や部品として用いられています．また，電線被覆材には軟質 PVC が使われています．PVC はエネルギー損失が低いことに加えて，可塑剤を添加することで柔軟性，難燃性，自己消火性を与えることができます．一方，絶縁材料は帯電によって静電気が発生しやすくなっているので，セルロースや PVA のような水酸基をもつ高分子を練り込んだり，界面活性剤を塗布することで帯電を防止しています．**ポリイミド**（PI），フェノール樹脂，尿素樹脂などは，絶縁性と耐トラッキング性（表面の炭化に対する耐性）に加えて，耐熱性と耐溶剤性を有するため，電子回路基板の材料として使われています．電子回路基板には，フォトレジストと呼ばれる光反応性高分子を用いて微細な回路が描かれています．一方，導電性高分子といって，電気を流す高分子もあります．**ポリアセチレン**（PA）（図2），**ポリフェニレンビニレン**（PPV），**ポリピロール**（PPy）（図3），**ポリチオフェン**など π 共役系高分子では，主鎖に沿って π 電子が非局在化しています．このような高分子にヨウ素分子のような物質を添加すること（ドーピング）で電気が通るようになります．**ポリアニリン**は自己成膜性で，伸縮可能な導電皮膜を形成できるため，コンデンサーの電極や電池用の電極に使用されています．燃料電池では固体のイオン導電性高分子膜が使われています．その一例としてフッ素樹脂系イオン交換膜の側鎖にスルホン酸基をもつ高分子（**ナフィオン**）があり，電子を通さず水素イオンを通す特性をもっています．

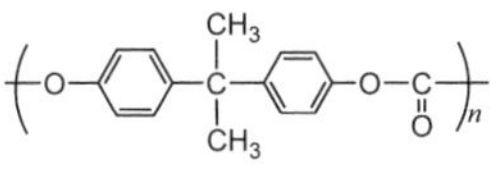

図1 PC 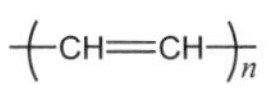　　　図2 PA 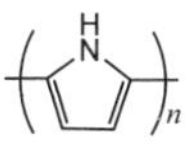　　　図3 PPy

〔藤本〕

参考　高分子学会，有機エレクトロニクス研究会
　　　　https://main.spsj.or.jp/c12/gyoji/organiectronics.php

1.9 情報社会

　いろいろな事柄を伝える際にも高分子は大切な役割を果たしています．文字を書くための紙は，樹木から抽出したセルロース繊維を積層して作られています．インクジェット紙はインクがにじまないように表面が微粒子などのコート層で覆われています．ボールペンやインクジェットのインクは，着色用の染料や顔料をアクリル系のブロック共重合体に混ぜて作られています．さらに，長期安定化のためにインクの表面には高分子分散剤が被覆されています．コピーに使用されるトナーにも帯電性の高分子微粒子が使われています．また，タッチパネルでは，PET フィルムを押してフィルムどうしが接触することで情報の入力を行います（抵抗膜方式）．液晶ディスプレイでは，液晶と偏光フィルターで画像が表示されます．偏光フィルターはヨウ素を含む PVA を延伸して，分子鎖とヨウ素を一方向に配向させています．また，フラットパネルディスプレイには PPV（図 1）など高分子系の有機エレクトロルミネッセンス（有機 EL）素材が使われています．フレキシブルディスプレイの 1 つに電子ペーパーがあります．帯電した着色粒子が詰め込まれた高分子カプセルを単層に並べたもので，電界を与えるとカプセル内で粒子が動いて文字や画像が作り出されます．記録媒体に目を向けると，レコードは PVC，磁気テープは酸化鉄を塗布した PET，コンパクトディスクは PC から作られていました．情報を運ぶための光ファイバーには伝送損失の低いポリメチルメタクリレート（PMMA）（図 2）系が使われています．今後，モノのインターネット（IoT）やデジタルトランスフォーメーション（DX）の発展には，さらなる発展を遂げた高分子素材が一翼を担っていくでしょう．　　　　　　　〔藤本〕

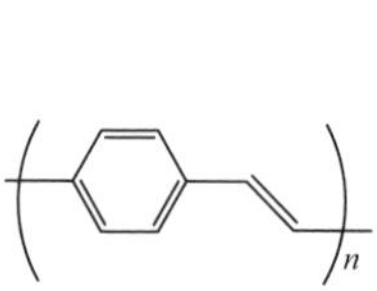

図1　PPV 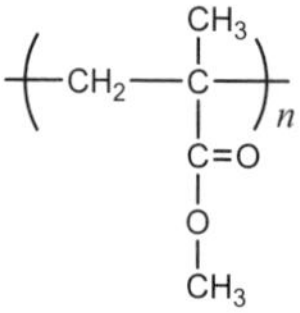　　　図2　PMMA

参考　高分子学会，印刷・情報・電子用材料研究会
　　　　https://main.spsj.or.jp/c12/gyoji/information.php

1.10　スポーツ，レジャー

　バスケット，テニス，トラック競技などではシューズが重要な役割を果たしています．これまで，靴底の部分は弾性があり，耐久性を備えたゴムや PVC が使われてきました．最近では，軽量性に加えて，PE の結晶性を調節して反発性を与えるために**エチレン–酢酸ビニル共重合体**（EVA）（図1）や PU が用いられています．厚底などでは，ミッドソール部分に軽量で衝撃吸収性の高い素材として，ポリアミドブロックとポリエーテルブロックからなるブロックコポリマーが使われています．さらに剛性と反発性を向上させるために，カーボンプレートを挟み込んだ構造のものもあります．一方，靴底のヒールカウンターには硬いプラスチックが用いられます．上部のアッパー部分は，ニット成形やフッ素系の多孔質膜を用いて作られており，防水透湿機能が施されています．また，高分子は球技においても数多く用いられています．ピンポン玉はセルロイドから作られていましたが，ABS 樹脂などのプラスチックに変更されました．ゴルフボールも昔はゴムの木の樹液を圧縮したものでしたが，硬質のポリブタジエンゴムの芯球，高反発性のポリエステルエラストマーの中間層，耐摩耗性と耐衝撃性をもつ**アイオノマー**の最外層から作られています（図2）．アイオノマーはアクリル酸とエチレンの共重合体で金属イオンによって架橋構造をとっています．また，ゴルフクラブのカーボンシャフトはプラスチックを炭素繊維で強化したもの（CFRP）です．炭素繊維はポリアクリロニトリルを炭化して作った繊維のことで，ラケットのフレームも CFRP から作られています．ガットは牛の腸の繊維でしたが，いまでは耐水性のナイロンやポリエステルの繊維から作られています．スキー板は高弾性の木製あるいは合成高分子製のコア材の板の上下に，エポキシ系の接着剤を用いて CFRP 層を貼り付け，滑走面には PE シートを貼り合わせて作られています．　　　　　　　　　　〔藤本〕

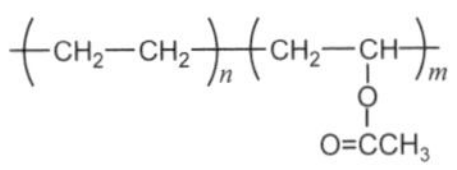

図1　EVA 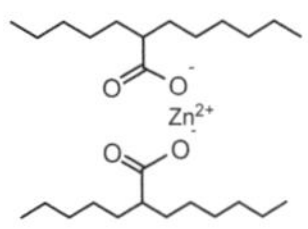　　　　図2　アイオノマー

参考　冨田誠介，高分子，**49**，1，25-27（2000）

1.11 住宅・建材・建具

　木材は樹木の幹の部分を指し，細胞壁であるセルロース，ヘミセルロース，リグニンが主成分です．セルロースもデンプンもグルコースがつながった高分子で，セルロースはβ結合でデンプンはα結合でつながっています．木材は乾燥によって反ってしまうため，薄い板の木目を直角になるように重ねて合板とします．フェノール樹脂など合成接着剤で貼り合わせています．合板の表面に模様をプリントした化粧紙を貼り付けたものが化粧板で，フローリングなど内装用の仕上げ材として使われます．断熱材は家の内と外の熱移動を抑えています．これにはPS, PU（図1），フェノール樹脂などの発泡材やセルロースファイバーが使われています．戸，窓，障子，襖など建具においては，高断熱性の窓ガラスに注目が集まっています．ゾル−ゲル法を利用した有機−無機ハイブリッドのエアロゲルが一例で，低い熱伝導性を有しています．また，家具の転倒を防ぐための耐震マットにはPUが用いられています．粘着性が高いだけでなく，振動エネルギーを熱エネルギーに変換して振動を抑制する特性（粘弾性）が活かされています．カーテンやカーペットには燃えにくい性能が求められます．ハロゲン系化合物やリン系化合物を含有させた難燃繊維を用いる方法と炭酸カルシウム，水和アルミナなど難燃剤を付着させる防炎加工を行う方法があります．住宅の外装には，アクリル系，ウレタン系，シリコーン系（図2），フッ素系のポリマーと顔料を混ぜたカラフルな塗料が使われています．水道管の鋼管の内側には硬質PVCが使われています．押し出し成型によってライニングされており，平滑で防食性に優れています．現在は高強度に加えて，耐摩耗性，耐薬品性を有する高密度ポリエチレン（HDPE）が多くなってきています．結晶化度が高く，微結晶をつなぐ分子鎖（タイ分子）が多くなるように工夫されています．　　　　　〔藤本〕

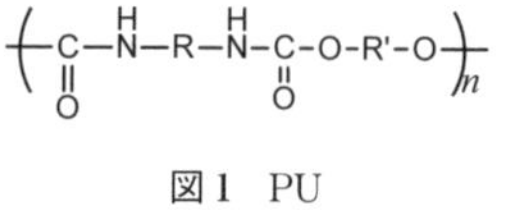

図1　PU

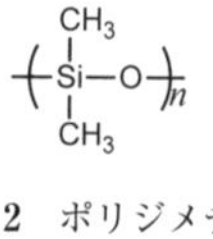

図2　ポリジメチルシロキサン

参考　日本建材・住宅設備産業協会　http://www.kensankyo.org/about/jigyou.html

1.12 運輸・運送・乗り物

　車，飛行機，船など乗り物に用いられている高分子には，安全性の観点から耐衝撃性が重要です．同時に燃費向上のために軽量化も求められています．自動車のバンパーは軽量で成形が簡単な**変性PP**（共重合体や耐衝撃改質剤を配合したPP）から作られています．フロントガラスは2枚のガラスの間に**ポリビニルブチラール**膜を挟み込んだ構造をしています．この中間膜が衝撃を和らげ，ガラスが砕け散ることを防止しています．ヘッドライトのカバーには透明性と耐熱性をもつPCが用いられています．ガソリンタンクもほとんどが高分子製で，多層構造によって燃料漏れと剛性を作り出しています．例えば，内側から耐薬品性をもつHDPE，樹脂の再生材，接着層，バリア性の高いEVOH，接着層，最後にHDPEというような多層構造になっています．ブレーキは，軽量かつ高強度で耐熱性を備えるパラ系**アラミド繊維**（補強材）と黒鉛（摩擦調整材）をフェノール樹脂（結合材）で固めて作られています．さらに，耐摩耗性，耐衝撃性，自己潤滑性に優れた**ポリアセタール**（POM）（図1）が動力伝達用の部品に使われています．タイヤは天然と合成のゴムから作られています．天然ゴムは1,4-ポリイソプレンのシス体です．合成ゴムにはスチレンと1,3-ブタジエンのブロック共重合体からなる**スチレンブタジエンゴム**（SBR）（図2）があり，耐熱性と耐薬品性に優れています．路面に食いつくグリップ力と耐摩耗性を調節するために，カーボンブラックなどの補強材，架橋剤である硫黄など数多くの物質が配合されています．飛行機や船舶ではガラス繊維や炭素繊維などの繊維をエポキシ樹脂やフェノール樹脂で固めた繊維強化複合材料

$$\left(\!CH_2\!-\!O\!\right)_{\!m} \qquad \left(\!CH_2\!-\!\underset{\underset{\displaystyle \bigcirc}{|}}{CH}\!\right)_{\!n}\!\!CH_2\!-\!CH\!=\!CH\!-\!CH_2\!\right)$$

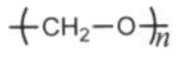

図1　POM　　　　　図2　SBR

（FRP）が使われています．FRPは軽量で高い強度と弾性をもち，熱的寸法安定性が高いという特徴をもっています．宇宙船の断熱材の最外層には耐熱性，耐放射線および耐紫外線性に優れたPIフィルムが使われています．　　　　　　　〔藤本〕

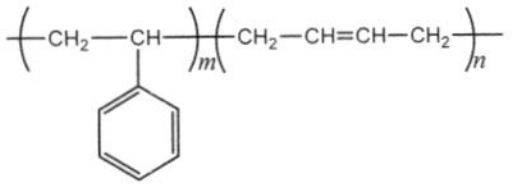

1.13 医療・医薬・介護

　使い捨てプラスチック器具をはじめとして，医療の現場でも高分子は活躍しています．注射器の外筒は PP，内筒は PE，点滴用チューブは可塑剤で柔らかくした軟質 PVC でできています．血管や食道などに挿入するカテーテルは柔軟なシリコーンや PU でできています．手術の切開部を縫合するために，動物の腸から作られた糸（カットグット）が使われていました．現在は**ポリグリコール酸**やグリコール酸と乳酸の共重合体からなる生分解性縫合糸も使われています．コンタクトレンズでは PMMA や**ポリヒドロキシエチルメタクリレート**（PHEMA）（図1），白内障用の眼内レンズでは挿入しやすい柔軟なシリコーンが用いられています．腎臓に代わって血液中の老廃物を除去するために人工透析が行われています．この透析用中空糸にはセルロースなど血液親和性高分子が用いられています．人工血管には，ポリエステル繊維から編みあげたチューブ（Dacron®），筒状の PTFE を引き延ばした多孔質のチューブ（Gore-Tex®）などがあります．再生医療は，細胞を用いて生体組織・臓器を再構成し，機能を回復する治療です．細胞を培養する足場材料として，ポリ乳酸（PLA）（図2）など生分解性高分子が用いられています．医薬分野においても，生分解性高分子に薬剤を封入し，分解とともに薬剤を徐放する医薬品が開発されています．また，高分子に薬剤を結合し，さらに特定部位を標的とする分子を結合させ，薬剤の生体内送達が研究されています．さらに，抗体医薬といって抗体を薬剤として用いることが盛んに行われています．ここでは抗体がもつ特定部位（抗原）だけに結合する特性を利用しています．育児や介護で使われる紙オムツにも，ポリオレフィンなどの不織布からなるシート，アクリル酸系高分子からなる吸収層など高分子が使われています．

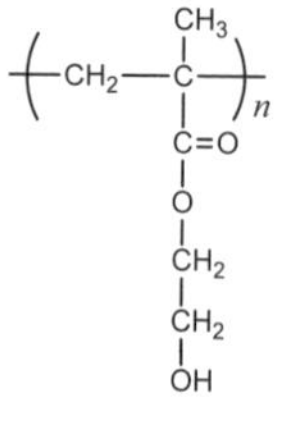

図1　PHEMA 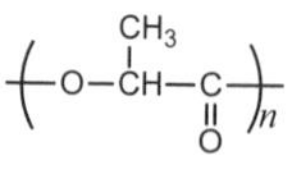　　　図2　PLA

〔藤本〕

参考　高分子学会，医用高分子研究会　https://main.spsj.or.jp/c12/gyoji/biomedical.php

1.14 農林水産業

　作物の成長には土の質が大切です．土壌粒子が小粒の集合体を形成している状態（団粒構造）は通気排水に優れた土壌であり，作物の生育に適しています．団粒形成を促進するために，PVA や**ポリエチレンイミン**（PEI）（図1）が用いられています．これらは粘土粒子に結合して土壌を団粒化することができます．また，土の代わりになる人工の培地にも高分子が使われています．この場合は排水性，通気性が優れていることに加えて，細菌やウイルスなどの感染を防止することが必要です．液体肥料を使う水耕栽培では PU などのスポンジに種を蒔いて根を張らせて栽培を行います．農林業の水管理のために，ポリアクリル酸（図1）系の**超吸水性高分子**（SAP）が利用されています．SAP を土壌と混合することによって，乾燥地の土壌を湿潤な状態に保つことで，給水の量や頻度を減らすことができます．ビニールハウスによって，作物の生育に適した環境（日照時間・温度・湿度）で栽培できるようになりました．軟質 PVC やポリオレフィン系フィルムが使われてきましたが，劣化しにくいフッ素樹脂フィルムの利用によって，長期間張り替えず（長期展張）に作物に適した日照時間や温度を管理できるようになりました．水産業においては漁網にナイロンや PE などの繊維やフィルムが使われてきました．超高分子量 PE を延伸（ゲル紡糸）することで，超高強度・高弾性率を有する繊維を得ることができます．これによって網糸を細く軽量にすることができるようになりました．修繕不能となった漁網の一部は樹脂ペレットとして再生された後，ボタン，ボールペンなどの素材として使われています．漁網用浮子やブイは EVA 樹脂を素材として作られています．最近では生分解性の PLA や古紙を使用した浮子も作られています．〔藤本〕

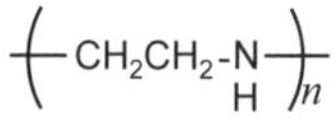

図1　PEI（実際は分岐構造）

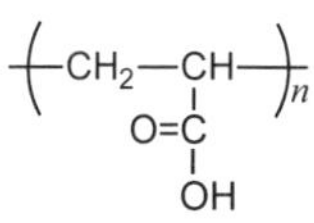

図2　PAA

1.15 食　　品

　デンプンなど炭水化物の多くは糖がグリコシド結合でつながった高分子で，多糖類と呼ばれています．デンプンはグルコースがつながった多糖で，枝分かれのないアミロース（図1）と枝分かれしたアミロペクチンがあります．アミロースは穀類，イモ類などに含まれています．もち米にはアミロペクチンが多く，粘りが強くなります．こんにゃくはグルコースとマンノースがつながったグルコマンナンからできています．寒天はアガロースとアガロペクチンを主成分とする多糖からできています．ナタデココは微生物が生産す

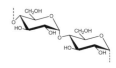

図1　アミロース

るセルロース繊維からできています．一方，タンパク質はアミノ酸がつながった高分子です．肉，魚，卵，乳などに多く含まれています．小麦の主成分は多糖類のデンプンですが，**グルテン**といわれるタンパク質も多く含んでいます．グルテン含量が高いものから順に，強力粉，中力粉，薄力粉と呼ばれています．強力粉はこしが強くスパゲッティなど麺類やパンなど，薄力粉はケーキやてんぷらに利用されています．また，果肉に含まれている**ペクチン**とコンブに含まれている**アルギン酸**（図2）はともに多糖類であり，増粘とゲル化のためにジャムとアイスクリームにそれぞれ添加されています．このように高分子は増粘作用，ゲル化能，分散安定化作用などを示すため，食品添加物として用いられています．人はセルロースを消化することができませんが，種々の官能基の導入による改質が行われて食品添加物として用いられています．カルボキシメチル基を導入した**カルボキシメチルセルロース**（CMC）は，水溶性に加えて，増粘性，分散安定性などの機能をもっています．また，合成高分子の**ポリ酢酸ビニル**（PVAc）は樹液に含まれる天然樹脂の**チクル**と混錬されて，チューインガムのベースとして用いられています．

〔藤本〕

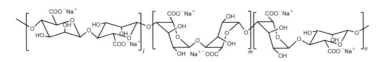

図2　アルギン酸

1.16 衣 料 品

　着物に使われている絹は**フィブロイン**というタンパク質由来の繊維であり，光沢があり，保温性に富んでいます．羊など動物の毛も**ケラチン**などタンパク質由来の繊維です．これらは保温性に優れているため，セーター，カーディガンなどに使われています．一方，綿や麻の衣類はセルロース繊維から作られており，強度が高く，吸湿性に優れているため，肌着，下着，ハンカチなどに使われています．このセルロースを溶剤に溶かして口金から押し出して延伸することで，再生セルロース（レーヨン，キュプラなど）が得られます．延伸された高分子鎖は束ねられて一体化し，配向した繊維へと再生されます．**ナイロン**は絹を模した化学繊維であり，脂肪族のジアミンとジカルボン酸がアミド結合でつながった高分子（ポリアミド）です．細くて強いだけなく，耐薬品性が高く，低吸湿性でカビや虫の害を受けにくい特性ももっており，下着，靴下，ネクタイなどに使われています．芳香族のポリアミドは**アラミド**と呼ばれ，高い強度をもっており，防弾チョッキ（ケブラー（図1））に使われています．主鎖がエステル結合でつながった高分子はポリエステル（ダクロン，テトロンなど）と呼ばれ，綿のような肌触りでしわになりにくく，耐熱性が高く，水にぬれても強度も変化しないため，レインコート，スーツ，カーテンなど幅広く使われています．アクリロニトリルを成分とするアクリル繊維は，ふんわりとして弾力性があります．セーターなど冬物衣服に使われています．パンティストッキングは伸縮性が高いポリウレタンとナイロンやポリエステルを組み合わせた繊維（スパンデックス）から作られています．特殊な風合いを出す試みとして，極細の繊維をポリウレタン樹脂などでかため，表面を起毛させた人工スウェードは，滑らかでソフトな素材です（エクセーヌなど）．夏場に涼しく感じる素材や冬場に温かさを保つ素材も高分子の繊維を組み合わせて作られています． 〔藤本〕

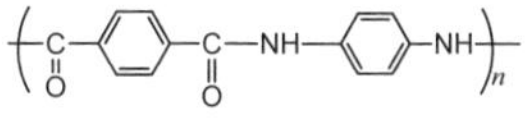

図1　ケブラー

参考　日本化学繊維協会　https://www.jcfa.gr.jp/about_kasen/index.html

1.17 高分子の略語と名称

表1に主な高分子の略語と名称を示します.

表1 高分子の略語と名称

略語	名称	略語	名称
ABS	アクリロニトリル・ブタジエン・スチレン共重合体	PP	ポリプロピレン
		PPV	ポリフェニレンビニレン
EVA	エチレン・酢酸ビニル共重合体	PPy	ポリピロール
EVOH	エチレン・ビニルアルコール共重合体	PS	ポリスチレン
HDPE	高密度ポリエチレン	PTFE	ポリテトラフルオロエチレン
LDPE	低密度ポリエチレン	PU	ポリウレタン
NR	天然ゴム	PVA	ポリビニルアルコール
PAA	ポリ酢酸ビニル	PVAC	ポリ酢酸ビニル
PAAm	ポリアクリルアミド	PVC	ポリ塩化ビニル
PAN	ポリアクリロニトリル	PVDC	ポリ塩化ビニリデン
PBT	ポリブチレンテレフタレ(ラ)ート	PVDF	ポリフッ化ビニリデン
PC	ポリカーボネ(ナ)ート	PVP	ポリ-N-ピロリドン
PE	ポリエチレン	SBR	スチレン・ブタジエンゴム
PEEK	ポリエーテルエーテルケトン		
PEG	ポリエチレングリコール		
PEO	ポリエチレンオキサイド		
PEN	ポリエチレンナフレ(ラ)ート		
PET	ポリエチレンテレフタレ(ラ)ート		
PI	ポリイミド		
PLA	ポリ乳酸		
PMMA	ポリメタクリル酸メチル		
POM	ポリアセタール		

表にはよく使われている名称を示しています. 括弧内が正しい呼び名です.

〔藤本〕

第2章　高分子の分子構造と高次構造

2.1　高分子の状態と構造

　1章では高分子がどのように使われているのかを紹介してきました．この2章では，高分子が低分子とはどのように違うのかを説明していきたいと思います．まず，①高分子は単に分子サイズが大きいだけでなく，分子のつながりによって様々な分子配列という多様性を生み出すことができます．同時に，分子運動によって様々なかたちをとることができます．次に，②高分子では弱い分子間力であっても，それらが協同的に作用するため，組織化や明確な構造を形成することがあります．タンパク質に見られる二次構造，三次構造，高次構造がその例です．また，③高分子は温度，溶媒などの環境によって変化します．逆に，それを構造や機能を制御することに利用できるのです．さて，④溶液中の高分子の濃度を高くしてみましょう．高分子は互いに接触し，絡み合って溶液の粘性が高くなり，粘り気を作り出すことができます．さらに，⑤この状態で架橋すると三次元の網目をもつ高分子ゲルとなり，柔らかい物質を作り出すことができます．これらのモノづくりは高分子の特徴である分子がつながっていることが可能にしています．さて，溶媒を含まない固体の高分子はどのような状態にあるのでしょうか．温度を変えて分子の運動の観点から考えてみましょう．低温では高分子鎖は絡み合った状態で凍結されています．温度が上がると鎖が部分的に動けるようになります．この状態で力を加えると飴細工のように変形させることができます．⑥物質の形を作り出すこと（成形）ができるのです．さらに温度を上げると，力を加えなくても高分子が流動化して変形するようになります．あらかじめ高分子の間をつないでおく（架橋）と，変形はあるところで止まります．ここで高分子を引っ張ると伸びますが，引っ張るのをやめると元の状態に戻ろうとします．これがゴムです．⑦高分子には弾性や粘性など，物質としての特性を有しています．

　この章を通して，最初に高分子の特性を理解して物質の状態についてのイメージをもつことを狙っています．

〔藤本〕

参考　松下裕秀「高分子の構造と物理」講談社（2013）

2.2 高分子性，高分子効果

　国際純正・応用化学連合（IUPAC）の高分子命名委員会によると，高分子は**"分子量（モル質量）が大きい分子で，分子量の小さい分子（モノマー）の多数個の繰返しで構成された構造をもち，一連の性質が繰返しの多少の増減では変化しない分子からなる物質"**と定義されています．では，分子量がどのくらい大きくなったときに高分子と呼ぶのでしょうか．実は明確には定義されていません．以下には，ポリエチレン（図1）の同族列である線状の飽和炭化水素を例にとり，沸点，融点および密度が分子量とともにどのように変化していくのかを示しながら高分子性とは何かについて考えていきます．

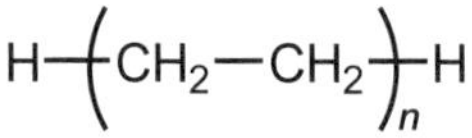

　括弧内の繰り返しの数を重合度（n）と呼びます．エタン（n＝1）やブタン（n＝2）は室温では気体，n＝3〜9は液体，n>9では固体になります．同じ温度で気体→液体→固体ということは分子量の増加とともに分子間相互作用が増加して

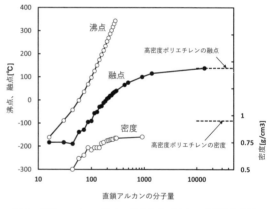

図1　ポリエチレン

いることを意味しています．図2に示すように，沸点は分子量の増加とともに上昇しますが，分子量が大きくなると沸騰する前に分解が起こり測定できなくなります．トルートンの規則によると物質の沸点は**分子間相互作用**の強さであるモル蒸発エンタルピーに比例します．したがって分子量が大きな分子ほど，非常に

図2　直鎖アルカンの沸点，融点および密度の分子量依存性

大きな分子間相互作用が働いていることがわかります．このような強い分子間相互作用が高分子特有の性質を決めています．一方，融点も分子量ととともに増加しますが分子量約1万でほぼ一定の値をとり，高密度ポリエチレンの値（132℃）と等しくなります．また，分子量が1万程度を超えるとフィルム形成能など高分子の特性が現れてきます．これらのことから，分子量が1万程度以上の分子を高分子と呼んでいます．なお，密度も分子量の増加とともに大きくなりますが

分子量が千から1万の間で急激に変化しているように見えます．分子量の増加に伴う分子間相互作用の増大によって蝋状から脆い固体，さらには強い固体へと物性（構造）の大きな変化が起こっているためです．

　高分子の数多くつながった効果として多点での相互作用が挙げられます．例えば，水素結合のエネルギーは$10 \sim 40\,\mathrm{kJ\,mol^{-1}}$程度であり室温では可逆的に結合・解離できます．しかし，高分子では多点で水素結合しているため容易には解離できなくなり，このことがDNAやタンパク質などの生体高分子や様々な高分子の機能的高次構造体の源になっています．

　高分子には分子鎖が無秩序に並んだ非晶性高分子と分子鎖が規則的に並んで独特な結晶構造をもつ結晶性高分子があります．後者は，すべての鎖を完全に規則的に配列することは難しく，結晶領域と非晶領域が混在して存在します．結晶領域は材料の力学的強度を高め，非晶領域

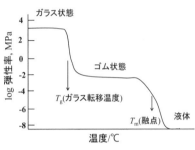

図3　ある結晶性ポリマーの弾性率の温度変化

は柔軟性を与えます．また，高分子の性質としてガラス転移温度T_gがあります（付録表1）．T_gは非晶鎖の部分的なブラウン運動（ミクロブラウン運動）が起こりはじめる温度として定義されています．T_g以下の状態をガラス状態，T_g以上の状態をゴム状態と呼び，材料は急激に柔らかくなります（図3）．さらに温度を上げると融点T_mに達し，高粘性な液体になります．この状態のことを溶融状態と呼びます．細長くて分子間相互作用の大きい高分子は溶融体，ゴム状態，ガラス状態および結晶構造でそれぞれ興味深い特性を示し，多方面の研究者から興味がもたれています．

〔川口〕

2.3 高分子の形，一次構造

　重合のときに決まる高分子鎖のつながりを一次構造といい，以下に示すような特徴があります．

　①**モノマーの結合様式**：ビニルモノマー（CH_2=CHR）の CH_2 を尾，CHR を頭とすると，-(CH_2-CHR)-(CH_2-CHR)- の頭–尾結合，-(CH_2-CHR)-(CHR-CH_2)- の頭–頭結合，-(CHR-CH_2)-(CH_2-CHR)- の尾–尾結合が可能です．成長末端にモノマーが接近する際に立体障害があると頭–尾結合が優先します．

　②**幾何異性体**：イソプレンのような共役ジエンでは，1,2 位の付加，3,4 位の付加，1,4 位の付加による重合が可能です．1,4 位で付加した場合には，二重結合に対してシスとトランスの幾何異性体が存在します（図 1）．

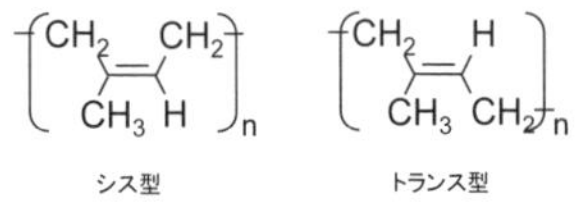

図 1　ポリイソプレンの幾何異性体

　③**立体規則性**：主鎖を平面ジグザグ構造で描いたときに，側鎖が同じ側に出ている場合（イソタクチック）と交互に出ている場合（シンジオタクチック），規則性のない場合（アタクチック）があります．これらの立体規則性については重合方法（配位重合など）によって制御することができます（付録図 2）．

　④**共重合体の連鎖様式**：2 種類以上のモノマーを共重合して得られる高分子を共重合体といいます．モノマーの配列に規則性がないものをランダム共重合体，異なるモノマーが交互に結合したものを交互共重合体といいます．また，モノマーが連続して結合した部分をブロック鎖といい，異なるブロック鎖が結合しているものをブロック共重合体と呼んでいます．

　⑤**鎖の分岐形状**：高分子の主鎖に沿って分岐点があるものを櫛形高分子といいます．この分岐点からさらに分岐したものがハイパーブランチポリマーです．また，一点から複数の高分子が分岐したものがスターポリマーで，さらに一点から規則正しく分岐を繰り返したものをデンドリマーと呼んでいます．また，高分子は架橋反応によって網目構造となります．2 種以上の高分子網目が化学結合せず絡み合ったものを相互侵入網目といいます．これら分岐，環状，網目などの構造をもつ高分子は同じ分子量の線状高分子と比べると，広がりが小さいため粘度は低くなり，結晶化も抑制されて密度は低くなります．　　　　　　　　　　　　〔小泉〕

2.4 分子構造

　高分子特有の性質や物性を理解するためには，高分子鎖1本の形や大きさ（高分子鎖形態，立体配座特性，コンフォメーション）を理解する必要があります．しかし，高分子は構成する元素が圧倒的に多く，さらに溶液中ではその形が時々刻々と変化しますので，高分子鎖を特有の概念（鎖統計学）で取り扱います．

　ポリエチレン鎖が取りうる回転異性体の例（トランスジグザク鎖，伸びきり鎖）を図1（a）に示します．炭素-炭素結合0.154 nm，炭素-炭素-炭素の結合角109.5°を用いるとモノマー1個当たりの長さは0.25 nmになります．ポリエチレン鎖について，ブタンを例にとり炭素-炭素結合における内部回転による立体障害のエネルギーについて説明します（図1（b））．ブタンには3つの回転異性体（ゴーシュ（g）$^\pm$，トランス（t））があります．トランスとゴーシュ間のエネルギー差ΔEは約2 kJ mol^{-1}程度で，25℃ではトランスとゴーシュの出現頻度は同じくらいになります．このような鎖のことを屈曲性高分子と呼びます．ポリエチレンではすべての炭素-炭素結合には3つの異性体が存在するので，重合度100のポリエチレンでは異性体の数は9.8×10^{93}個と膨大な数になります．（a）で

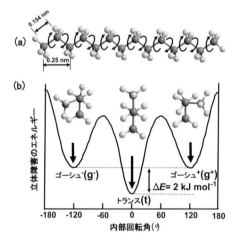

図1　（a）トランスジグザグポリエチレン鎖の立体配座と（b）ブタンの回転異性体と内部回転ポテンシャル

示した立体配座は9.8×10^{93}個の中の1つに過ぎず，高分子鎖はその鎖がもつエントロピーが増大するようにコイル状（ランダムコイル）の形態をとることになります．

〔川口〕

2.5　高分子の広がりと回転半径

　溶液中または溶融状態における１本の高分子鎖の広がりの程度を示す指標として高分子の２つの末端の距離を考えてみましょう．結合長 b の直鎖状高分子について i 番目のボンドベクトルを $\vec{b}_i$ と表します．高分子鎖の広がりはボンドベクトルの和で指定できます．したがって，両末端間のベクトル $\vec{R}$ は $\vec{R}=\sum_{i=1}^{n}\vec{b}_i$ と書けるので，末端間距離の２乗平均 $\langle R^2\rangle$ は，

$$\langle R^2\rangle=\sum_{i=1}^{n}\langle b_i^2\rangle+2\sum_{i=1}^{n-1}\sum_{j>i}^{n}\langle\vec{b}_i\cdot\vec{b}_j\rangle \tag{1}$$

となります（図1）．第２項はボンドベクトルの内積です．隣り合ったボンドのなす角 $(\theta_{i,j})$ が自由に選べる分子モデルを**自由連結鎖**といい，このとき $\langle\cos\theta_{i,j}\rangle=0$ です．その結果，末端間距離の２乗平均は $\langle R^2\rangle=nb^2$ で，両末端距離は $R=\sqrt{n}\,b$ となります．この結果は酔っ払いが歩幅 b の千鳥足で n 歩進んだときの距離 R を表す**酔歩のモデル**の結果と一致しています．実在の高分子では，炭素を主鎖とする場合は $\theta=109.5°$ に固定されています．同時にC-C結合回りの回転角 ϕ も立体障害で制限されます．トランスとゴーシュの回転配座で極少値が現れるポテンシャルエネルギーに従うモデルを**束縛回転鎖**といいます．このとき $\langle R^2\rangle$ は

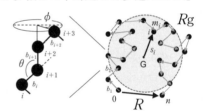

図1　理想鎖の末端間距離と回転半径

$$\langle R^2\rangle=nb^2\left(\frac{1-\cos\theta}{1+\cos\theta}\right)\left(\frac{1-\langle\cos\phi\rangle}{1+\langle\cos\phi\rangle}\right) \tag{2}$$

となります．ここで $\langle\ \rangle$ は熱的な平均を意味しています．このように平均２乗末端間距離が nb^2 に比例する鎖を**理想鎖**（ガウス鎖）と呼びます．高分子鎖の大きさを表すもう１つの指標として，高分子鎖の重心（G）から各ボンドまでの距離の２乗平均と定義される（**回転半径**, R_g）があります．回転半径の２乗平均 $\langle R_g^2\rangle$ は，

$$\langle R_g^2\rangle=\left\langle\frac{\sum_i^n m_i S_i^2}{\sum_i^n m_i}\right\rangle=\frac{\langle\sum_i^n S_i^2\rangle}{n}=\frac{1}{6}nb^2 \tag{3}$$

で与えられます．S_i と m_i は i 番目のモノマーの分子量と重心からの距離です．

〔小泉〕

2.6 希薄・準希薄・濃厚

　高分子溶液を局所的に眺めると図1のようになっていると考えられます．すなわち，十分に濃度が低いときには高分子鎖は溶液中でほぼ孤立した状態で存在しています．これを**希薄溶液**（a）といい，主に高分子鎖1本の性質が反映されます．しかし，濃度が高くなるにつれて隣接の高分子鎖が互いに接近し，ついには高分子鎖が重なりはじめる濃度が存在します（b）．このときの濃度を**重なり濃度** c^* といい，高分子鎖内部の濃度と溶液全体の濃度が等しくなる濃度になります．したがって，c^* は次の式によって見積もられます．

$$c^*(\mathrm{g/mL}) = \frac{3M}{4\pi \langle R_\mathrm{g}^2 \rangle^{3/2} N_\mathrm{A}} \tag{1}$$

　ここで，M は高分子のモル質量，N_A はアボガドロ定数，右辺は回転半径 $\langle R_\mathrm{g}^2 \rangle^{1/2}$ をもつ球と仮定して計算される鎖内部の質量濃度です．高分子濃度が c^* よりも高い溶液のことを**準希薄溶液**（c）と呼び，希薄溶液とは区別して議論されます．

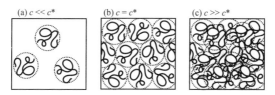

図1　濃度変化に伴う高分子溶液の概観図．(a) 希薄溶液，(b) 重なり濃度，(c) 準希薄溶液

　高分子溶液の静的・動的物性は，重なり濃度 c^* の前後で大きく変化します．準希薄溶液領域における屈曲性高分子-良溶媒系の浸透圧 π は次式に従います．

$$\frac{\pi}{RT} \propto \left(\frac{c}{M} \right) \left(\frac{c}{c^*} \right)^{1.25} \tag{2}$$

　$\langle R_\mathrm{g}^2 \rangle \propto M^{1.2}$ の関係式を用いて式（1）を式（2）に代入すると $\pi \propto c^{2.25} M^0$ となり，浸透圧は分子量によって変化しなくなることが実験的に証明されています．また，c^* 以上で溶液粘度は急激に増加しはじめ，一方，拡散係数 D は急激に減少しはじめます．c^* 以上では高分子鎖どうしが**絡み合い**，回転運動や並進運動が起こりにくくなるためです．　　　　　　　　　　　　　　　〔川口〕

2.7 平均分子量

高分子は大きな分子量をもつ分子からなる物質です．分子量（重合度）は高分子において最も重要な基礎物性値であり，分子量を定めてはじめて高分子が規定されたことになります．しかし，タンパク質など一部の例外を除いて多くの高分子は重合度が異なる同族列の混合物からなる物質ですから，分子量は何らかの平均値として取り扱う必要があります．

平均分子量には，以下に示すように**数平均分子量** M_n，**重量平均分子量** M_w，**z-平均分子量** M_z などがあります．分子量 M_i，分子数 N_i，質量 W_i なる高分子の平均分子量は，**数分率**（$n_i = N_i/\Sigma N_i$），**重量分率**（$w_i = W_i/\Sigma W_i$）およびアボガドロ数 N_A と $N_i M_i = W_i N_A$ の関係を用いると次式で定義されます．

$$M_n = \frac{\sum_i^\infty N_i M_i}{\sum_i^\infty N_i} = \frac{\sum_i^\infty n_i M_i}{\sum_i^\infty n_i} = \sum_i^\infty n_i M_i = \frac{\sum_i^\infty W_i}{\sum_i^\infty \frac{W_i}{M_i}} = \frac{\sum_i^\infty w_i}{\sum_i^\infty \frac{w_i}{M_i}} = \frac{1}{\sum_i^\infty \frac{w_i}{M_i}}$$

$$(1)$$

$$M_w = \frac{\sum_i^\infty N_i M_i^2}{\sum_i^\infty N_i M_i} = \frac{\sum_i^\infty n_i M_i^2}{\sum_i^\infty n_i M_i} = \frac{\sum_i^\infty W_i M_i}{\sum_i^\infty W_i} = \frac{\sum_i^\infty w_i M_i}{\sum_i^\infty w_i} = \sum_i^\infty w_i M_i$$

$$(2)$$

$$M_z = \frac{\sum_i^\infty N_i M_i^3}{\sum_i^\infty N_i M_i^2} = \frac{\sum_i^\infty n_i M_i^3}{\sum_i^\infty n_i M_i^2} = \frac{\sum_i^\infty W_i M_i^2}{\sum_i^\infty W_i M_i} = \frac{\sum_i^\infty w_i M_i^2}{\sum_i^\infty w_i M_i}$$

$$(3)$$

試料中の全成分の分子量が等しい場合を**単分散**といい，M_n, M_w, M_z は等しい値をもちます．異なる分子量をもつ成分が混在する場合を分子量分布があるといい，$M_n < M_w < M_z$ の関係が成り立ちます．分子量分布が広い試料ほどこれら平均分子量間の差は大きくなります．特に M_w を M_n で割った M_w/M_n は**分子量分布指数**または**多分散度**と呼ばれ，分子量分布を表す指標として用いられます．これは，M_n が低分子量成分に敏感であるのに対して，M_w が高分子量成分に敏感であるためです．高分子の分野では M_n と M_w を使い分けて使用します．重合反応の分野では M_n の値，物理的性質を議論する分野では高分子量成分の影響を受けやすい M_w や M_z の値が用いられます．粘度係数 K，粘度指数 a が既知の高分子に対しては，固有粘度 $[\eta]$ の値から Mark-Houwink-Sakurada（MHS）の式 $[\eta] = K M_v^a$ を用いて**粘度平均分子量** M_v を求めることができます．M_v の値は試料の多分散性の影響を受けますが一般に，M_n と M_w の間に位置します．〔川口〕

2.8　分子量測定

　高分子の分子量測定には直接分子量を測定する絶対法と何らかの検量線を用いて測定する相対法があります．測定法の違いによって求まる平均分子量の種類が異なります．以下にはよく用いられる測定法について説明します．

絶対法

　数平均分子量 M_n を求める方法として ^{1}H NMR を用いた末端基定量法，蒸気圧浸透圧（VPO）法および浸透圧（OS）法があります．^{1}H NMR, VPO 法は数万程度，OS 法は数万〜100 万の高分子の M_n を測定できます．一方，M_w は静的光散乱（SLS）法によって求めます．高分子溶液に光が入射されると，高分子鎖のランダムなブラウン運動によって局所濃度の増減（濃度揺らぎ）が生じ，その結果大きな散乱が生じます．局所濃度の増減は浸透圧差の大きさに比例するので，最終的に散乱強度 $R(\theta)$ は以下の式で与えられます．

$$\frac{Kc}{R(\theta)} = \frac{1}{M_w} + 2A_2c + \cdots \qquad (1)$$

　ここで K は光学定数，θ は散乱角度，A_2 は第 2 ビリアル係数です．数千〜数千万程度の高分子の分子量が SLS 法によって決定することができます．

　その他マトリックス支援レーザー脱離イオン化（MALDI-TOF-MS）法や超遠心機を用いた沈降平衡法も絶対法です．前者は分子量が十万以下の高分子に適用でき，後者は M_w の他に M_z や M_{z+1} の値も与えます．

相対法

　サイズ排除クロマトグラフィ（SEC）は高分子のサイズによって分離が行われる液体クロマトグラフィであり，標準試料を用いた作成される校正曲線から（相対）分子量および分子量分布（M_w/M_n）を求める方法です．SEC は測定が簡便であり，現在最も普及している分析法です．しかし注意しなければいけない点は，検量線と未知試料の構造が異なる場合や分岐高分子の場合には相対的な分子量のみが得られます．最近では検出器として多角度光散乱光度計が使用できるようになり，校正曲線を用いることなく M_w や M_w/M_n の測定が可能となっています．固有粘度 $[\eta]$ の MHS の式がわかっている場合には，同じ条件で未知試料の $[\eta]$ を測定することによって粘度平均分子量 M_v が得られます．　　　〔川口〕

2.9 固 有 粘 度

　高分子溶液の特徴の１つに高粘性があります．高分子溶液がある速度勾配をもつ流れの中に置かれた場合，溶媒の移動速度と高分子鎖セグメント近傍の溶媒の移動速度の間には速度差が生じ，摩擦のためにエネルギーの散逸が起こるためです．溶媒の粘性率を η_0，質量濃度 c の高分子溶液の粘性率を η とすると，粘性率の増加率（比粘度 η_{sp}）は $(\eta-\eta_0)/\eta_0$ となり，次式で与えられます．

$$\eta_{sp}=[\eta]c+k'([\eta]c)^2+\cdots \tag{1}$$

　c の１次の係数 $[\eta]$（イータ括弧と呼びます）を高分子の固有粘度，２次の係数中 k' を Huggins 係数と呼びます．$[\eta]$ は高分子鎖１本の大きさに関係し，k' は高分子鎖間の直接あるいは溶媒を介した流体力学的な相互作用と関係し，通常 0.3〜0.6 の値をとります．

　溶媒を含んだ糸まり状の高分子を流体力学的な等価球と仮定し，アインシュタインの粘度理論を用いると，よく知られた Flory の粘度式が得られます．

$$[\eta]=\Phi\frac{(6\langle R_g^2\rangle^2)^{\frac{3}{2}}}{M} \tag{2}$$

　ここで，Φ は Flory-Fox 定数で $(1.9\sim2.3)\times10^{23}\ \mathrm{mol}^{-1}$ の値をとります．$[\eta]$ は１gの高分子が溶液中でどの位の体積（cm^3）を示すかを表す物理量で，$[\eta]$ の値から高分子鎖の広がりや形状に関する情報が得られます．図１に M が $1.0\times10^4\sim6\times10^7$ のポリスチレンの θ-溶媒（シクロヘキサン，34.5℃，●）と良溶媒（ベンゼン，25.0℃，○）中の $[\eta]$ の M 依存性を示します．

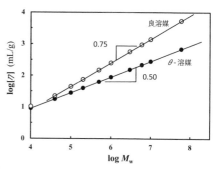

図1　ポリスチレンの固有粘度の分子量依存性

M が４万以上のデータから最小二乗法で近似値を求めると θ-溶媒で $[\eta]=8.8\times10^{-2}\ M_w^{0.50}$，良溶媒で $[\eta]=7.8\times10^{-3}\ M_w^{0.75}$ の Mark-Houwink-Sakurada（MHS）の式が得られます．様々な高分子の MHS 式が報告されています． 〔川口〕

2.10 Flory-Huggins 理論

高分子溶液は低分子溶液で成り立つ熱力学法則から逸脱する挙動を示します. この問題を格子モデルに基づいた統計熱力学によって初めて解き明かしたのが Huggins と Flory です.

温度 T, 圧力 p が一定のとき, 溶液の作製前後のギブスエネルギー変化 ΔG_{mix} は次式で定義されます.

$$\Delta G_{\mathrm{mix}} = \Delta H_{\mathrm{mix}} - T\Delta S_{\mathrm{mix}} \tag{1}$$

ΔH_{mix}, ΔS_{mix} は混合に伴うエンタルピー変化およびエントロピー変化です.

まず ΔS_{mix} を求めます. N_1 個の溶媒 1（○）と N_2 個の溶質 2（●）からなる低分子溶液の ΔS_{mix} から求めてみましょう（付録図 1）. ○と●の大きさが同等で, それらがちょうど 1 個入る格子を考えます. $N(N=N_1+N_2)$ 個の格子に○と●を配置する場合の数 W は

$$W = \frac{N!}{N_1! N_2!} \tag{2}$$

で与えられます. ボルツマンの関係式

$$S = k \ln W \tag{3}$$

とスターリングの近似式 $\ln N! = N \ln N - N$ を用いると, S は

$$S = k \left\{ N_1 \ln \frac{N}{N_1} + N_2 \ln \frac{N}{N_2} \right\} = -R\{n_1 \ln x_1 + n_2 \ln x_2\} \tag{4}$$

となります. ここで, k はボルツマン定数, R は気体定数, x はモル分率, n は物質量です. 混合前の溶媒および溶質を配置する場合の数は 1 通りですので, 混合によるエントロピー変化 ΔS_{mix} は式（5）で与えられます.

$$\Delta S_{\mathrm{mix}} = S - (S_1^0 + S_2^0) = -R\{n_1 \ln x_1 + n_2 \ln x_2\} \tag{5}$$

一方, 重合度 P からなる柔軟な高分子鎖 N_2 個（モノマー 1 個が格子 1 個を占める）と溶媒 N_1 個からなる混合のエントロピー変化は次式で与えられます.

$$\Delta S_{\mathrm{mix}} = -k\{N_1 \ln \phi_1 + N_2 \ln \phi_2\} = -R\{n_1 \ln \phi_1 + n_2 \ln \phi_2\} \tag{6}$$

ここで, ϕ_1, ϕ_2 はそれぞれ溶媒と高分子の体積分率で, 次式で定義されます.

$$\phi_1 = \frac{N_1}{N_1 + PN_2}, \quad \phi_2 = \frac{PN_2}{N_1 + PN_2} \tag{7}$$

もし高分子のつながりをすべて切ってばらばらの低分子溶液にすると, 式（6）は $\Delta S_{\mathrm{mix}} = -k\{N_1 \ln \phi_1 + N_2 P \ln \phi_2\}$ となり, 式（6）よりも $kN_2(1-P)\ln \phi_2$ だけ大

きくなります（$\ln \phi_2 < 0$ であることに注意）．言い換えると，高分子の一番の特徴である長くつながった効果はエントロピーの低下をもたらします．

次に ΔH_{mix} を求めます．溶液は溶質と溶媒に新たな接触を生み出し，発熱や吸熱が起こり，系のエンタルピーの変化をもたらします．溶媒対（○-○），溶質対（●-●），溶媒-溶質対（○-●）の**接触エネルギー**をそれぞれ $\varepsilon_{11}, \varepsilon_{22}, \varepsilon_{12}$ とすると，1個の接触によって生成するエネルギー差（$\Delta \varepsilon$）は

$$(\bigcirc\text{-}\bigcirc) + (\bullet\text{-}\bullet) \longrightarrow 2(\bigcirc\text{-}\bullet)$$

$$\Delta \varepsilon = \varepsilon_{12} - \frac{1}{2}(\varepsilon_{11} + \varepsilon_{22}) \tag{8}$$

となります．N_2 個の溶質（●）の周りにはそれぞれ Z 個の配位数（2次元では $Z=4$）の接触点があり，さらに N_1 個の溶媒（○）は x_1 の確率で存在しています（付録図1）．したがって，ΔH_{mix} は

$$\Delta H_{\mathrm{mix}} = Z N_2 x_1 \Delta \varepsilon \tag{9}$$

で与えられます．一方，溶質が重合度 P からなる N_2 個の柔軟な高分子鎖の場合には $(Z-2)P N_2$ 個の溶媒と接触します．したがって，ΔH_{mix} は式（9）の x_1 を ϕ_1 に置き換えて

$$\Delta H_{\mathrm{mix}} = (Z-2)P N_2 \phi_1 \Delta \varepsilon \tag{10}$$

で与えられます．式（6）と式（10）を式（1）に代入すると最終的に，高分子溶液の ΔG_{mix} は次式で与えられます．

$$\Delta G_{\mathrm{mix}} = RT\{n_1 \ln \phi_1 + n_2 \ln \phi_2 + \chi(n_1 + P n_2)\phi_1 \phi_2\} \tag{11}$$

ここで，

$$\chi = \frac{(Z-2)\Delta \varepsilon}{kT} \tag{12}$$

と定義しました．χ は**相互作用パラメータ**または**χ（カイ）パラメータ**と呼び，χ が大きくなると高分子は溶媒に溶けにくくなり，逆に小さくなると溶解しやすくなります．式（11）を n_1 で微分すると，溶媒の化学ポテンシャル変化（$\Delta \mu_1$）を次のように求めることができます．

$$\Delta \mu_1 = \left(\frac{\partial \Delta G_{\mathrm{mix}}}{\partial n_1}\right)_{T,P,n_{i \neq 1}} = \mu_1 - \mu_1^0 = RT\left\{\ln(1-\phi_2) + \left(1-\frac{1}{P}\right)\phi_2 + \chi \phi_2^2\right\} \tag{13}$$

ここで，μ_1^0, μ_1 は純溶媒および高分子溶液中の溶媒の化学ポテンシャルです．

〔川口〕

2.11 蒸気圧と浸透圧

$\Delta\mu_1$ の式を用いて蒸気圧と浸透圧に関する熱力学量を以下に求めてみます。溶液中の溶媒の化学ポテンシャル μ_1 は蒸気圧 p_1 と $\mu_1 = \mu_1^0 + RT\ln(p_1/p_1^0)$ の関係があります。ここで p_1^0 は同じ温度における純溶媒の蒸気圧です。重合度 P の高分子溶液の蒸気圧は 2.10 節の式（13）から

$$\frac{p_1}{p_1^0} = (1-\phi_2)\exp\left\{\left(1-\frac{1}{p}\right)\phi_2 + \chi\phi_2^2\right\} \tag{1}$$

となります。式（1）を用いて $\chi=0$（理想溶液）の場合の低分子（$P=1$）と重合度が増えた場合（$P=5,20$）の**溶媒の蒸気圧低下**の割合を示します（図1）。$P=1$ の場合には Raoult の法則 $p_1/p_1^0 = x_1 = 1 - x_2$ に従うことがわかります。一方，P の増加とともに直線から下方に大きくずれています。これはエントロピー低下が原因です。

浸透圧 π は，溶媒のモル体積 V_1 および 2.10 節の式（13）を用いて次式で与えられます。

図1　理想高分子溶液（$\chi=0$）の溶媒の蒸気圧降下

$$\Delta\mu_1 = \mu_1 - \mu_1^0 = -V_1\pi = RT\left\{\ln(1-\phi_2) + \left(1-\frac{1}{p}\right)\phi_2 + \chi\phi_2^2\right\} \tag{2}$$

$\ln(1-\phi_2)$ をマクローリン展開し，質量濃度 $c[\mathrm{g\,mL^{-1}}] = n_2 M/V$（$V$ は溶液の体積），ポリマーの体積分率 $\phi_2 = (PV_1/M)c$ を用いると（V_1 は格子1個のモル体積），

$$\frac{\pi}{RT} = \frac{c}{M} + \left(\frac{1}{2}-\chi\right)\frac{p^2 V_1}{M^2}c^2 + \cdots \tag{3}$$

が得られ，第2ビリアル係数 A_2 は次式で定義されます。

$$A_2 = \left(\frac{1}{2}-\chi\right)\frac{p^2 V_1}{M^2} \tag{4}$$

A_2 が大きいということは高分子が溶媒に溶けやすいことを示しています。$\chi<1/2$ の溶媒（$A_2>0$）を**良溶媒**，$\chi>1/2$ の溶媒（$A_2<0$）を**貧溶媒**，さらに $\chi=1/2$ の溶媒（$A_2=0$）を**θ-溶媒**と呼びます。詳細な理論によれば，A_2 は2体間の相互作用の強さを表す物理量です。$A_2>0$ のとき，すなわち良溶媒中ではセグメント間には**排除体積効果**が働き，この効果によって高分子鎖はより広がった形態をとることになります。

〔川口〕

2.12 溶 解 性

高分子の溶解性は溶解前後のギブスエネルギー変化 $\Delta G_{mix} = \Delta H_{mix} - T\Delta S_{mix}$ を
もとに考えることができます．高分子溶液（2.10 節）で説明したように，高分
子が溶媒に溶解する過程においては常に $\Delta S_{mix} > 0$ ですから，高分子と溶媒との
接触によって生み出されるエンタルピー変化（ΔH_{mix}）が重要になってきます．
どのような溶媒が高分子を溶解するかの目安は ΔH_{mix} の大きさで決まります．溶
媒を 1，溶質を 2 とするとき ΔH_{mix} は以下の式で与えられます．

$$\Delta H_{mix} \propto \left\{ \left(\frac{E_1}{V_1} \right)^{1/2} - \left(\frac{E_2}{V_2} \right)^{1/2} \right\}^2 \tag{1}$$

ここで E_i と V_i は i 成分のそれぞれ蒸発エネルギーと体積であり，その比 $(E/V)^{1/2}$ を溶解度パラメータ（SP 値）と呼びます．様々な溶媒の SP 値が決定され
ていますが，高分子は気体状態が存在しないために求めることは困難です．そこ
で，高分子の SP 値については化学構造からの計算もしくは高分子が最も大きな
固有粘度（拡がり）を示す溶媒を，その高分子の SP 値として用いています．式
（1）より，溶媒と高分子の SP 値の差が小さい場合には ΔH_{mix} も小さくなって溶
解し，その差が大きい場合には溶解しないと考えることができます．このように，
化学構造が似たものどうしが溶け合います（"like likes like"）．

高分子に対する溶媒は貧溶媒，θ-溶媒，良溶媒に分類されます（図1）．貧溶
媒は，ポリマーセグメントと溶媒との相溶性がそれほど高くない溶媒のことで，
この溶媒中ではポリマーセグメントは溶媒と接するよりもセグメントどうしで接
する方が安定になります．高分子鎖セグメント間には斥力よりむしろ引力相互作

溶媒の種類	貧溶媒	θ-溶媒	良溶媒
温 度	低 ———————————————→ 高		
ポリマー濃度		バルク状態 ———→ 希薄溶液	
セグメント間の相互作用	引力＞斥力	引力＝斥力	斥力＞引力 （排除体積効果）
第2ビリアル係数	$A_2 < 0$	$A_2 = 0$	$A_2 > 0$
χ-パラメーター	$\chi > 0.5$	$\chi = 0.5$	$\chi < 0.5$
ポリマー溶液の状態	会合，沈殿	分子溶解，やや不安定	分子溶解，安定溶液

図1　高分子の溶媒と高分子鎖間に働く相互作用

用が働き，高分子鎖は分子内で収縮，あるいは分子間で会合や弱い凝集を引き起こします．一方，良溶媒は高分子鎖セグメントを十分に溶媒和し，セグメントの周りは溶媒分子で覆われています．この場合，各セグメント間には斥力相互作用が大きくなります．この効果のことを排除体積効果と呼びます．良溶媒中では高分子は1分子で溶解し，排除体積効果によってやや広がった形態をとっています．また，斥力と引力相互作用がちょうど釣り合った状態を θ-状態と呼びます．そのような状態にする溶媒と温度をそれぞれ θ-溶媒と θ-温度と呼び，後者は気体のボイル温度に相当します．θ-溶媒に置かれた高分子鎖は理想気体との比較から**理想鎖**，あるいは鎖の両末端間距離の分布確率がガウス分布（正規分布）に従うことから**ガウス鎖**とも呼ばれます．θ-溶媒中での高分子鎖の形態は構成している鎖の一次構造（近距離相互作用）によって決まりますので，θ点は高分子鎖における基準点となります．一方，良溶媒は高分子を溶解し安定な溶液を与えますが，鎖はむしろ排除体積効果によって少し乱された（摂動を受けた）状態になります．θ-溶媒中の鎖を非摂動鎖，良溶媒中の鎖を摂動鎖と呼ぶのはこのためです．貧溶媒の極限は高分子を溶かさない溶媒である非溶媒になりますが，貧溶媒と非溶媒の違いの明確な定義はありません．高分子の溶解性には分子量依存性があり，分子量が小さい高分子は溶解しても分子量が大きくなると溶解しにくくなり，一義的には決められないためです．

　良溶媒と貧溶媒（非溶媒）を組み合わせると，再沈殿という高分子の精製操作を行うことができます．すなわち，最初に良溶媒中に高分子を溶解させ，その溶液を過剰の非溶媒中に少量ずつそそぐと，高分子だけが沈殿します．ろ過することによって低分子化合物（開始剤種，残モノマーなど）を取り除くことができます．また，多分散な高分子を分子量ごとに分けることができます．分子量分別という操作です．良溶媒と非溶媒の割合を少しずつ変化させながら粉末状の高分子を溶解させる分別溶解法と，良溶媒中に高分子を溶解させ，その中に非溶媒を少しずつ加え，さらに温度変化を利用する分別沈殿法があります．高分子の溶解性の分子量依存性を利用したもので，高分子量物質特有の分離操作の1つです．

〔川口〕

2.13 高分子ゲル

　三次元的な高分子の網目が溶媒を吸収して膨潤した状態を高分子ゲルと総称します．ゲルは流動化しない柔らかい物質で，固体と液体の中間的な性質を示します．鎖の絡み合いに加えて，水素結合，イオン性結合，配位結合など，外部環境からの刺激で架橋点の脱着が可能な場合を**物理ゲル**と呼びます．架橋が解け流動が可能な状態を**ゾル**と呼びます．寒天やゼラチンなどは，温度変化によって可逆的にゾル-ゲル転移します．直鎖状の多糖類のカラギーナンは二重らせん構造を作って室温付近でゲル化します．せん断変形のもと流動し，静置すると応力を復元しゲル状になります．この現象をチキソトロピーといい非線形粘弾性の一種です．一方，架橋点が共有結合で形成される場合を**化学ゲル**と呼びます．例えば溶媒中でビニルモノマーとジビニル化合物（橋かけ）をともにラジカル重合で反応させ，重合と同時に架橋を導入します．

　高分子ゲルの架橋点の分布や網目のサイズは小角散乱で観察できます．温度，溶媒，pHなどの外界の変化に対し，膨潤度が変化します．高分子ゲルの体積相転移現象とは，温度，溶媒，pHなど外部変化によって膨潤度が変化し，ゲルの体積が可逆的かつ不連続的に変化する現象です．これを説明するには1本の高分子鎖のコイル-グロビュール転移に加えて，鎖が架橋点で連結

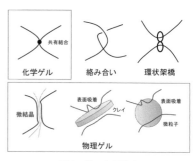

図1　様々な架橋点

したエントロピー弾性の効果を考える必要があります．従来の化学ゲルは架橋点の不均一な網目構造のために変形すると少数の鎖に応力が集中し簡単に破壊します．この点を改善した優れた強度をもつゲルが開発されました．ポリロタキサンの環状分子を化学結合し架橋点（環状架橋）に利用したトポロジカルゲルもその一例です（図1）．架橋点が自由に移動できるので応力の集中が避けられて，透明でかつ高い延伸性を示します．また，2種類の高分子が互いに入れ子になった二重の網目構造をもつダブルネットワークゲルも高弾性・高靱性を示します．数十nmのサイズの板状無機粘度鉱物（クレイ）を添加したナノコンポジットゲルも高い延伸性と透明度を示す物理ゲルの例です．　　　　　　　　〔小泉〕

2.14 ゲル化と網目構造

　ジビニル型モノマーとビニルモノマーを共重合するとき，または3つ以上の官能基をもつモノマーを重縮合するとき分枝構造をもった高分子が形成されます．橋かけ（架橋）が臨界密度 ρ_c を超えると，溶液全体が網目状に連結します．これをゲル化点といいます．溶液の端から端が網目でつながった状態をパーコレーションといいます．でき上がった網目構造は加硫した架橋ゴムのものと同じですが，ゲルの網目は溶媒を吸い込み膨潤しています（図1）．ゲル化のはじまりは試験管倒立法や落球法によって目視で確認できます．

　Flory-Stockmayer の理論によればゲル化点の橋かけの臨界密度 ρ_c は高分子の重合度の逆数 $\rho_c = 1/N$ で与えられます．また多分散系では N は重量平均重合度です．多官能性化合物の重縮合では官能性を f とすると $\rho_c = 1/(f-1)$ で与えられます．

　高分子ゲルの自由エネルギーは，①格子模型による高分子溶液の自由エネルギー（G_{sol}）と，②エントロピー弾性の自由エネルギー（G_{el}）の和で与えられます．網目が溶媒で膨潤すると鎖が変形するのでエントロピー弾性の項が吸い込みを食い止めようと働きます．G_{sol} と G_{el} が釣り合うことで平衡膨潤の状態になります．G_{sol} のエンタルピー項の χ パラメータは温度（および溶媒，pH など）に依存するので膨潤の程度は温度で大きく変わります．ゲルの体積は 1000 倍近く変化することがあります．また体積が不連続に変化する現象を気液相転移にならって体積相転移と呼びます（図1の左矢印）．

　溶媒の化学ポテンシャルを算出して得られる Flory-Rehner の平衡膨潤式で架橋ゴムの架橋密度は見積もれます．つまり架橋ゴムを親和性のある溶媒で膨潤させて高分子網目の体積分率を決定し，χ パラメータと組み合わせると架橋密度を求めることができます．実際の化学ゲルは，架橋密度が粗密な不均一構造を示します．このため架橋点の密度が低いところは溶媒を取り込むことができますが，密度が高いところは膨潤できません（図1の右矢印）．このようなミクロな描像は凍結ブロブモデル（frozen Blob model）といい小角散乱で観察できます．　　　〔小泉〕

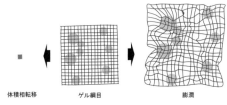

図1　化学ゲルの膨潤，不均一性，体積相転移

2.15 立体規則性，非晶質結晶構造，結晶構造解析

　置換ビニルポリマーの主鎖を考えた場合，その繰り返し単位は $-CH_2-C^*H(R)-$ と表されます．ここで C^* は擬不斉炭素を表します．高分子鎖を引き伸ばした平面（トランス）ジグザグ構造を考えたとき，置換基 R が紙面上方にあるか，紙面下方にあるか，それがどのような連鎖で続いているかで高分子のコンフィグレーションは決定されます．これを立体規則性といいます．立体規則性の違いは高分子の固体物性や溶液物性，特に結晶化の有無に大きな影響を及ぼします．R が同じ方向を向いている高分子をイソタクチック，交互に向いている高分子をシンジオタクチック，規則性がない高分子をアタクチックと呼びます（付録図 2）．

　イソタクチックポリマー，シンジオタクチックポリマーは結晶性，アタクチックポリマーは非晶性になる場合が多いです．図 1 には，アタクチックポリマーの非晶状態と立体規則性ポリマーの結晶構造の模式図を示します．非晶状態では高分子鎖は理想鎖と同じ形態をもちます．一方，結晶状態では高分子鎖が厚さ 10 nm 程度（ビニルポリマーでは重合度 40 程度）の薄い板結晶の中に折りたたまれた結晶（結晶性ラメラ）を形成します．非晶部分はラメラ間のつなぐ鎖（タイ分子）として働いています．さらに，結晶性ラメラは同軸延伸上に捻じれて配列した球晶を形成します．また，高圧下や流動場下では伸び切り鎖結晶（シシ）の表面に結晶性ラメラ（カバブ）が成長したシシカバブ構造の高次構造体も形成します．非晶性高分子に比べて結晶性高分子の力学強度は高く，結晶化度は材料物性に大きな影響を及ぼします．なお，結晶構造は X 線回折法で調べます．〔川口〕

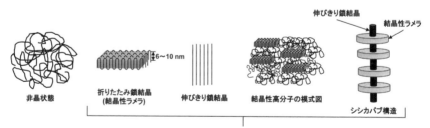

図 1　固体中における高分子鎖の代表的な凝集状態の模式図

2.16　高次構造（結晶）

　高分子は結晶領域と非晶領域（無定形領域）が共存する混合形態です．結晶化しやすい高分子は，①屈曲性でカサ高い側鎖がついていない，②水素結合などの分子間相互作用がある，などの特徴があります．①の例は，PE，PP，ポリエチレンオキシド（PEO），ポリジメチルシロキサンなどです．イソタクチック PP（iPP）はらせん構造を形成し，規則正しく配列することで結晶化します．②の例は，PVA，ナイロン，セルロースなどです．一般に結晶の密度は非晶の密度より低く，ガス透過性などの物性と密接に関連します．結晶化の程度は弾性率や破断強度，透明性などの光学特性，電気特性などの様々な物性に影響します．

　結晶の形態は結晶化の条件によって大きく異なります．PE をキシレンに溶解して希薄溶液（0.01 wt%）として 80℃ で放置すると菱形の板状の単結晶が得られます．板の辺方向はマイクロメートルオーダーですが，厚みはおよそ 100 Å 程度です．ポリエチレンの分子は厚み方向に平行になるように整列し，板面上で分子鎖が繰り返しています．一方，PE を融点（150℃）以上で溶融し，冷却することで球晶（spherulite）が得られます．iPP を高温のキシレンやエチルベンゼンの有機溶媒に溶かした後，冷却すると球晶ができます．球晶の形成は溶融体中の結晶核の生成（一次核生成）から始まります．溶融体の中のゴミなどをきっかけに結晶核が生成する不均一核生成と，熱運動する分子鎖が偶然に向きを揃えて結晶核となる均一核生成の 2 つが考えられています．その後，結晶核の表面に分子鎖が付着することで結晶成長が進行します（二次核生成）．二次核生成はリボン状の結晶性ラメラ（lamella）が層状に重なりフィブリル（fibril）を形成しながら中心の核から 3 次元的に放射状に広がります．これが球晶です．偏光顕微鏡の 2 枚の偏向板を直交するように配置した「交差ニコル」の状態で観察すると，結晶性ラメラの光学異方性のため十字暗帯（マルテーゼクロス）が見られます．また，リング状の暗帯が見えることから結晶性ラメラはねじれながら成長していることがわかります．さらに，隣どうしの球晶が衝突すると球晶成長は停止し，フィルム全体が球晶で覆われます．　　　　　　　　　　　　　　　〔小泉〕

2.17 構造制御，ポリマーアロイの相溶性と相分離構造

　高分子に求められる性能は多様であり，単独の高分子では達成できない場合があります．そのため，異なる高分子どうしをブレンド，またはアロイ（合金化）します．最近，リサイクル資材の利用も課題です．この場合にも，種類の異なる高分子の相溶性の理解が重要です．高分子溶液で考えた Flory-Huggins の格子模型を2種類の高分子（A と B）のブレンドに用います．A と B が相溶したときの単位格子当たりのギブス自由エネルギー Δg は，

$$\frac{\Delta g}{k_B T} = \frac{\phi_A}{N_A} \ln \phi_A + \frac{1-\phi_A}{N_B} \ln(1-\phi_A) + \chi(1-\phi_A)\phi_A \tag{1}$$

です．ϕ_A は高分子 A の体積分率，$(1-\phi_A)$ は高分子 B の体積分率，N_A は高分子 A の重合度，N_B は高分子 B の重合度です．Schulz-Flory の相互作用パラメータ $\chi(=\chi_S+\chi_H/T)$ の温度変化によって Δg の形が様々に変わります．χ_H はセグメントの接触によるエンタルピー項，χ_S は接触に伴うセグメントの配向や拘束に関わるエントロピー項です（自由体積を考慮する場合もあります）．$\chi_H>0$ であるとき温度が上昇すると χ が小さくなり2種の高分子が相溶します．この温度のことを上限臨界共溶温度（upper critical solution temperature: UCST）といいます（図1下段）．反対に温度が上昇すると χ が増大して逆に相分離が開始する場合は，下限臨界共溶温度（lower critical solution temperature: LCST）が現れます．

　UCST 型の相図について相分離のメカニズムを考えてみましょう．均一な相溶状態から相分離が始まり相（1相，2相）が出現した場合，それぞれの相の体積を V_1, V_2，相分離前の全体の体積を V，それぞれの相の高分子 A の体積分率を ϕ_1 と ϕ_2 とします．このとき保存条件より $\phi_A V = \phi_1 V_1 + \phi_2 V_2$ が成り立ちます．このとき相溶状態から相分離したときのブレンドの自由エネルギーの変化 ΔG は

$$\Delta G = \left[\Delta g(\phi_1)\frac{\phi_2-\phi}{\phi_2-\phi_1} + \Delta g(\phi_2)\frac{\phi-\phi_1}{\phi_2-\phi_1} - \Delta g(\phi_A) \right] V \tag{2}$$

で与えられ，ΔG が負であるときは相分離が起こります．

　χ パラメータを変化させながら具体的に自由エネルギーの曲線を描いてみましょう．はじめに χ パラメータが小さくて自由エネルギーの曲線が下に凸の場合を考えます（図1の上段）．ϕ_1, ϕ_2 は元の ϕ_A の両脇に位置し，ΔG の第1項，第2項の和は，$\Delta g(\phi_1)$ と $\Delta g(\phi_2)$ を結ぶ直線上で濃度が ϕ_A の点の値に一致します．

このため括弧の中の第1項, 第2項の和は $\Delta g(\phi_A)$ より大きく, $\Delta G > 0$ で相分離は起こりません.

一方で χ が大きくなると式 (1) の第3項 $\chi(1-\phi_A)\phi_A$ のため, ΔG は2重井戸型の曲線になります (図1の中段). このとき2つの変曲点より内側の組成では, 小さな濃度の揺らぎ ($\delta\phi$) でも $\Delta g(\phi)$ は減少し相分離が自然に進行します. この相分離の機構をスピノーダル分解といいます. 一方, 変曲点の外側で極小値との間の組成では, 小さな $\delta\phi$ は $\Delta g(\phi)$ を増大させるので自然には成長できずに消滅します. しかし大きな $\delta\phi$ が偶然に生じた場合は $\Delta g(\phi)$ が減少するので $\delta\phi$ は成長できます. この相分離の機構を核生成・成長といいます. 相分離した後の組成 ϕ_1 と ϕ_2 は2重井戸型の $\Delta g(\phi)$ 曲線の共通接線で与えられます. これは2相の化学ポテンシャルが等しい条件です. 各温度でこれをプロットすると共存線が描けます (図1下段). また各温度で見出される曲線の変極点をつないだ境界をスピノーダル線といいます. 共存線とスピノーダル線が一致する頂点が臨界点です.

スピノーダル分解による相分離の成長は初期, 中期, 後期過程の3段階に分けられます. 初期過程では濃度揺らぎの振幅 $|\delta\phi(r)|$ が成長します. 中期過程では濃度揺らぎの振幅と周期 r が同時に成長します. 後期過程では $\delta\phi(r)$ は界面をもつドメインとなり, 対称組成 ($\phi_1 = \phi_2 = 0.5$) の場合は共連続構造が現れます. 一方, 非対称組成 ($\phi_1 \neq \phi_2$) の場合は海島構造が現れます. ポリマーアロイの相分離構造はマクロスケールに粗大化するのでマクロ相分離と呼ばれます. これに対してジブロック共重合体では高分子 A と高分子 B の末端どうしが共有結合でつながっているために相分離は高分子のサイズに留まります (ミクロ相分離). ポリマーアロイ中のジブロック共重合体はマクロ相分離の界面に局在し,

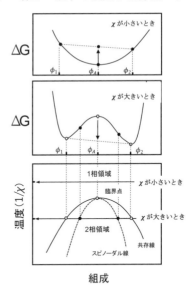

図1　格子模型による自由エネルギー (上段, 中段) とポリマーアロイの UCST 型相図 (下段)

2つのドメインをつなぎ止める相溶化剤として利用されます.　　　　　　　　〔小泉〕

2.18 高次構造 (ミクロ相分離，マクロ相分離，流動誘起相分離)

AB 型ジブロックコポリマーの 2 つのブロック鎖が相分離するとミクロ相分離を形成します．このときドメインの大きさは鎖の回転半径の程度です．

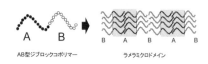

図1 AB 型ジブロックコポリマーとミクロ相分離

ブロック鎖の長さが 1：1 のときはラメラ状ミクロドメインが出現します（図1）．ミクロ相分離のモルフォロジー（形態）はブロック鎖の長さの比（組成比）が偏るとシリンダーから球へと転移します．これは高分子鎖の広がり（エントロピー弾性）が界面の曲率を決めるためです．AB 型ジブロックコポリマーに A 単独重合体をブレンドしてみましょう（図2）．例えば，ポリスチレン-ポリイソプレンジブロック共重合体にポリス

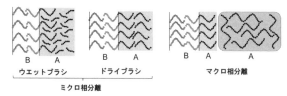

図2 AB/A ブレンドで観察できる様々なモルフォロジー
単独重合体の分子量が増えるにつれてウエットブラシ，ドライブラシ，マクロ相分離と変化する．

チレン単独重合体をブレンドする場合がこれに相当します．透過型電子顕微鏡（TEM）を使うと超箔切片（厚みが 50 nm 程度のフィルム）を透過してきた電子線の明暗像よってミクロドメイン構造の形態やサイズを評価できます．ポリスチレン-ポリイソプレンジブロック共重合体をオスミウム酸などの重金属で染色します．染色されたポリイソプレンは暗い部分，染色をされないポリスチレンは明るい部分です（図3）．X線小角散乱（SAXS）を使うとミクロドメインの形状，サイズと分

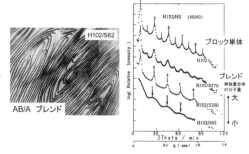

図3 A 単独重合体を AB/A ブレンドの TEM 像
（ドライブラシ）と X 線小角散乱

布，界面厚，平均組成などの情報に加えて，ミクロドメイン構造の乱れの程度を定量化できます．TEM や SAXS の観察によれば，単独重合体の分子量がブロック鎖と等しいときは，ラメラ状ミクロドメインを保ちながら A 単独重合体はラメラの間に可溶化し，ラメラの間隔が増大することがわかります．この状況をドライブラシと呼びます[1]．SAXS によれば，単独重合体を加えてもポリイソプレン膜厚は変化しません．単独重合体の分子量が十分に小さいときは，単独重合体は A ブロック鎖の作るブラシに深く侵入します．この状態をウエットブラシといい，同時にミクロドメインのモルフォロジーはシリンダー，球へと転移します．また単独重合体の分子量が大きい場合や，単独重合体の組成が大きく偏ったブレンドではジブロック共重合体と単独重合体が巨視的に相分離します（マクロ相分離）．重水素化ラベルした単独重合体をブレンドし中性子小角散乱を用いれば，ミクロドメインの内部の高分子鎖を選択的に観察することができます[2]．

　次に運動性が大きく異なる A と B の高分子からなるブレンドを考えます．このような組合せを“動的に非対称”であるといいます．例えば，ガラス転移温度が大きく異なるポリスチレン（PS）とポリビニルメチルエーテル（PVME）です[3]．このブレンドにずり変形を加えると，それまで相溶していた 2 つの高分子が相分離をはじめます（流動誘起相分離）．ずり変形のもとで高分子鎖の形態は変形します．変形が緩和するとき遅い分子が速い分子の運動についていけずに局所応力に不釣り合いが生じます．この不均衡をいち早く解消するために 2 つの高分子が分離するわけです．流動が止まると熱力学的に平衡な相溶状態に再び戻ります．高分子／微粒子，ゲル／溶媒も動的非対称です．流動誘起相分離は成形加工のプロセスの流動，変形で普遍的に起こる現象です．ミクロ相分離も，流動誘起相分離も高分子鎖のエントロピー弾性が深く関わる高次構造といえます．

〔小泉〕

参考 1) S. Koizumi *et al.*, *Makromol. Chem., Macromol., Symp.*, **62**, 1, 75-91 (1992)
2) S. Koizumi *et al.*, *Macromolecules*, **27**, 26, 7893-7906 (1994)
3) S. Koizumi and T. Inoue, *Soft Matter*, **7**, 19, 9248-9258 (2011)

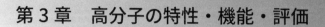

第3章 高分子の特性・機能・評価

3.1 高分子の様々な特性

　第2章では，高分子の存在を知るために，低分子との違いである高分子性について紹介してきました．高分子の状態とその変化から物性の違いをイメージできることを意図していました．

　この第3章では高分子から現れ出たいろいろな特性について，理解を深めると同時に，物性から機能を生み出すこと（機能化）について説明を行っていきます．このような流れによって，自分たちで物性・機能をデザインできるようになります．スポーツでも料理でも芸術でも，見ているだけでなく，参加してみることが楽しむことにつながってきます．楽しむことから深い理解に至り，その上で新しく創り出すことに至ります．

　表1には高分子の分子特性，溶液特性，固体特性，表面特性を挙げています．

表1　高分子の特性（状態から構造，そして物性へ）

<u>分子特性</u>	<u>力学的特性</u>	<u>耐久性</u>
<u>高分子鎖由来</u>	応力・ひずみ（静的）	力学的耐久性・耐衝撃性
広がり・持続長・分子量・分布	弾性・粘性・粘弾性（動的）	耐劣化性（光酸化・オゾン）
<u>構造由来</u>	塑性変形・流動化	耐候性・耐燃性
結合・形状・配列・立体規則性	高強度・柔軟性・力学的異方性	<u>分解性</u>
<u>側鎖・組成由来</u>	<u>熱的特性</u>	開裂・低分子量化
光学的特性・反応性	結晶化点・ガラス転移点・融点	生分解性
<u>高分子効果</u>	耐熱性・熱伝導性・蓄熱性	<u>反応性</u>
	<u>物質透過性・気体透過性</u>	硬化・固定化
<u>溶液特性</u>（ゲルも含む）	ガラス転移・微細構造	高分子触媒
<u>溶解性</u>	イオン交換（分離膜）	<u>刺激応答性</u>
鎖の状態と粘性	<u>電気的特性</u>	環境条件（圧力・温度・pH・
良溶媒・貧溶媒	良導体・超伝導体・半導体	イオン強度・時間）
溶解性パラメーター	強誘電体	外部刺激（光・磁場・電場）
<u>吸水性・吸油性</u>	固体電解質・イオン液体	<u>生体適合性</u>
膨潤・収縮	<u>磁気的特性</u>	表面・バルク，ハイブリッド亻
	磁性・磁化	（免疫診断・高分子医薬，
<u>固体特性</u>	（磁性体・アクチュエーター）	人工臓器・再生医療）
<u>構　造</u>	<u>光学的特性</u>	
結晶・非晶	透過・吸収・散乱・回折・干渉	<u>表面特性</u>
高次構造・構造解析	（構造色）	<u>表面特性・分散安定性</u>
	透明性（レンズ，光ファイバー）	濡れ性・接着性
	蛍光・発光性（感光性材料）	耐摩耗性（塗料，接着剤）
		表面改質

分子特性と溶液特性については2章で紹介しました．これらの特性については熱力学を用いて考え，イメージできたと思います．さて，3章では，固体特性を中心に紹介していきます．高分子は分子間力が強いため，固体として存在でき，低分子に比べると多様な固体物性を発現するようになります．

この章で学ぶことの要点を以下に列挙します．

- 力学的特性では変形に対する高分子の挙動を材料科学的観点から考えることができます．
- 熱変化によって高分子の状態は変化します．この挙動の理解から耐熱性高分子や熱伝導性高分子のデザインにつながっていきます．
- 粘弾性のような力学的特性を調節できるとユニークな高分子が生まれます．
- 物質の透過性は高分子と物質の混合と考えることができます．同時に高分子内部の状態をデザインすることで制御できるという視点をもつことが重要です．
- 電気的・磁気的・光学的特性は高分子の状態や構造に関する基礎物性ですが，製品化においては応用物理的なデザインも必要になってきます．
- 高分子材料として世の中で使われるためには，耐久性（長期安定性）が求められます．ここでは耐衝撃性の獲得と分解の抑制に絞って紹介します．
- 分解性高分子が注目を浴びています．劣化ととらえずに計画した分解と考えて，分子デザインや構造デザインを行うことができます．
- 高分子は環境によって状態が変化します．環境変化を刺激と考え，刺激に対する高分子の対応を関連付けることで，刺激応答システムの構築やエネルギー変換への展開を考えることができます．
- どんな材料にも表面が存在します．表面における材料の状態は内部（バルク）とは異なり，接着，付着，摩擦などの挙動に大きな影響を及ぼします．
- 表面を改質するというアプローチによって表面の機能化が行われています．
- 表面特性とバルク特性がともに重要となるのが生体適合性です．高分子材料を生体に用いる際には，避けては通れない特性です．

みなさん，関心のある特性はありますか．それぞれの特性には発現メカニズムがあります．それを理解した上で，その特性を調節する術を身につけることができると，いくつかの特性を組み合わせて新しい機能をデザインできるようになります．この章において，高分子が表す特性のイメージをもつきっかけをつかんでください．

〔藤本〕

3.2 応力，ひずみ（静的）

高分子材料の変形はひずみ（strain）と応力（stress）で記述してみましょう．ひずみ (ε)＝(伸び ΔL／元の長さ L_0)，応力 (σ)＝(力／作用面積) と定義すれば，これらは材料の寸法に依存しない物理量です．応力は圧力と同じ次元（$[\mathrm{N\,m^{-2}}]$＝[Pa]）をもつのに対して，ひずみは無次元量です．材料は外力を受けて変形することで分子間のポテンシャルが高いエネルギーの状態になっています．この際，元に戻ろうとする力を発生させる性質を弾性といいます．ひずみが小さい領域では応力との間にはフックの法則（$\sigma = E\varepsilon$）が成り立ち，比例係数を**弾性率**（E）といいます．ひずみをさらに増大させると弾性限界を経て，フックの法則が成り立たなくなる領域になります．同時に発生する応力が極大の降伏点に到達します．ひずみをさらに増大させると，高分子材料は破断することなく変形を続け，一定の応力を示す塑性変形に至ります．さらに，ひずみを大きくすると応力が再び増大してやがて破断します．材料が示した最大の応力を**引張強度**と呼びます．破断の直前で応力が急激に増大することがありますが，これは高分子が配向し結晶化するためです（伸長結晶化）．

図1に典型的な4種類の高分子材料の引張応力 σ と引張ひずみ ε の曲線を示します．曲線aのようにひずみに対して応力が急激に上昇する場合，硬くて脆い材料であり，曲線dのように緩やかに増加する場合は，ゴムのように柔らかい材料です．破断が起こる点を破壊点といい，そのときの応力を破断引張応力 σ_B，ひずみを破断引張ひずみ ε_B といいます．曲線の初期勾配から引張弾性率 E を求めることができます．曲線bとcでは最初はフックの法則に従い応力がひずみに比例して増加していきますが，直線性からずれて降伏点（σ_y, ε_y）に達すると応力が減少（ひずみ軟化）し破断に至る場合（曲線c）と，再び応力が増加（ひずみ硬化）する場合（曲線b）とがあります．ひずみ硬化は先に述べた鎖の配向に加えてクレーズ発生にも密接に関係します．材料が壊れるまでに必要なエネルギー（破壊エネルギー）はこの曲線の面積に相当しますので，曲線aは脆く，曲線b, cは粘り強い

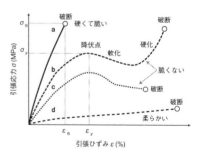

図1　代表的な4種類の高分子材料の引張試験における応力-ひずみ曲線

（すなわち靭性が高い）材料といえます．したがって，曲線bの場合には破断時の応力，曲線cの場合には降伏点での応力が引張強度となります．

　材料の変形には①伸長・圧縮変形に加えて，②せん断（または"ずり"）変形，③体積変形の3つの様式があります（図2）．単純伸長では高分子材料が縦方向に伸長すると同時に横方向には収縮します．このとき横方向のひずみと縦方向のひずみの比をポアソン比（ν）といいます．変形に伴う体積変化（ΔV）はポアソン比を用いて近似的に$\Delta V = V(1-2\nu)\varepsilon$で与えられます．すなわち，$\nu=0.5$のときに体積変化がありません（$\Delta V=0$）．金属から高分子の様々な材料についてポアソン比は$0<\nu\leq1/2$（等号は体積変化がないとき）で変化します．この中でゴム材料は$\nu=0.499$と1/2に近い値になります．多くの高分子が$\nu=0.35\sim0.4$の値をとります．一方，石英は$\nu=0.17$です．単純せん断は直方体の向かい合う1組の平行面について逆向きの力を加えたときに生じるせん断ひずみ（$\gamma=\Delta L/H$）です．せん断弾性率Gを用いるとフックの法則（$\sigma=G\gamma$）が成り立ちます．また，体積変形は静水圧的な力（P）による変形で，元の体積と変形後の体積をそれぞれV_0とVとし，体積ひずみ（κ）を$\kappa=(V-V_0)/V_0$と定義します．体積弾性率Kを用いるとフックの法則（$\sigma=K\kappa$）が成り立ちます．　　〔小泉〕

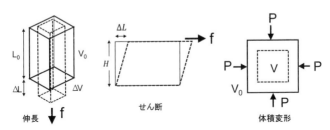

図2　高分子材料の3つの変形（伸長，せん断，体積変形）

3.3　高分子の力学的性質（エントロピー弾性）

　ゴムノキの樹液に含まれている生ゴムに硫黄を加えて加硫すると分子間で架橋が起こり，3次元の網目が形成されます．温度 T においてゴム（長さ L）に張力（f）を加わえたときの伸びを dL とすると，内部エネルギーの変化は

$$dU = TdS - pdV + fdL \qquad (1)$$

と表されます．ここで p は圧力，dV と dS はそれぞれ試料の体積変化とエントロピー変化です．加硫ゴムのポアソン比 ν はおよそ 0.5 であるので伸長に伴う体積変化は無視できます（$dV=0$）．すなわち等温の条件のもとでは，

$$f = \left(\frac{dU}{dL}\right)_T - T\left(\frac{dS}{dL}\right)_T \qquad (2)$$

となります．右辺の第2項についてゴムは引っ張られると鎖の形態エントロピーが減少するので $(dS/dL)_T < 0$ です．このとき，温度に比例する張力が発生することがわかります．これを高分子鎖の形態変化に由来するエントロピー弾性といいます（図1）．低温条件では材料がガラス化するために内部エネルギーの第1項が張力の起源となります．このような弾性をエネルギー弾性といいます．PE のような結晶性高分子では結晶部と非晶部が共存するので，結晶部に由来するエネルギー弾性と非晶部に由来するエントロピー弾性の両者をあわせもち，それらは温度と共に増減します．すなわち，力の一部は結晶の変形や破壊に，残りは非晶部の高分子鎖の形態変化に利用されるわけです．

　ゴムを断熱的に伸長すると温度が増大し，断熱的に圧縮すると温度が減少します．これは変形のもとでゴム分子の形態エントロピーが減少するために熱エネルギーの一部が分子の運動エネルギーに移行し，その結果温度が上昇したと理解できます．この現象を Gough-Joule 効果いい，ゴムのエントロピー弾性の特徴をよく表しています．　　　　　　　　　　〔小泉〕

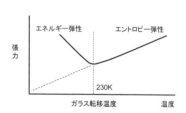

図1　加硫ゴムの張力の温度変化
(Meyer and Ferri, 1935).

3.4 ゴム弾性の分子論

　ゴムのエントロピー弾性を分子論に基づく統計的な手法で算出してみましょう．理想的なゴムとは，①網目の架橋点間をつなぐ高分子は理想鎖であり，②それらは延伸しても結晶化せずに，③体積変化はないものをいいます．理想鎖の端の一点を原点に置いたときに，もう一端が R の距離にいる確率 $P(R)$ はガウス分布に従います．つまり n, b をセグメントの数とサイズとすると

$$P(R)dR = \left(\frac{3}{2\pi nb^2}\right)^{3/2} \exp\left(-\frac{3R^2}{2nb^2}\right)dR \qquad (1)$$

です。ボルツマンの関係式に $P(R)$ を代入すると形態エントロピーは $S = k_B \ln P(R) = -(3k_B/2R_0^2)R^2 + C$ となります．ここで k_B はボルツマン定数であり，$R_0^2 = nb^2$ です．無変形の状態から x, y, z の各軸方向にそれぞれ $\lambda_x, \lambda_y, \lambda_z$ 倍の変形（延伸比）を加えます．$\langle R_x^2 \rangle = \langle R_y^2 \rangle = \langle R_z^2 \rangle = \langle R_0^2 \rangle/3$ とすると，延伸前 S_0 と延伸後 S のエントロピー変化は

$$\Delta S = S - S_0 = -k_B \frac{\langle R_0^2 \rangle (\lambda_x^2 + \lambda_y^2 + \lambda_z^2 - 3)}{2R_0^2} \qquad (2)$$

のようになります．巨視的なゴム片の変形と個々の高分子鎖の微視的な変形が対応する（アフィン変形）と仮定します．ポアソン比が 0.5 のゴムの体積は変化しないので $\lambda_x\lambda_y\lambda_z = 1$ です．したがって，$\lambda_x = \lambda$ とすると $\lambda_y = \lambda_z = \lambda^{-1/2}$ となります．エントロピー弾性による張力は $f = -T(dS/dL)_T$ であるので式（2）を微分します．さらに N 本の鎖を足し合わせて，応力 $\sigma = f/A$ は

$$\sigma = \frac{Nk_B T}{V} \frac{\langle R_0^2 \rangle}{R_0^2} (\lambda - \lambda^{-2}) \qquad (3)$$

のようになります．ここで，L, A, V はゴム片の長さ，断面積，体積です．これらの式からゴム片の応力は温度 T と N/V（単位体積当たりの網目鎖の数）に比例し，伸び率 λ に対しては非線形であることがわかります（図1の実線）．実験（図1の破線）と比較をすると延伸比が小さいところでは応力が小さく網目の不均一が影響します．一方で大きいところではゴム分子の伸長結晶化のため逆転します．

〔小泉〕

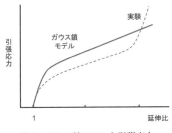

図1　ガウス鎖モデルと引張応力

3.5 粘性とレオロジー特性

　高分子の溶液の粘性を考えます．高分子溶液に力（f）を加えてかき混ぜてみます．この力は面（面積を A とする）を動かしていると考えて，**せん断応力**（$\sigma = f/A$）として表すことができます．この面から距離が離れると速度が低下していきます．いま，H だけ離れたところにある面の速度が Δv だけ遅くなっているとすると，液体には $D = \Delta v/H$ の**速度勾配**がかかっています．D は**せん断速度**（$d\gamma/dt$）でも表すことができます．ここでは γ はせん断ひずみです．せん断応力とせん断速度が比例関係にある場合を**ニュートン粘性**と呼び，$\sigma = \eta D$ の関係が成り立ちます．この式の η を**粘性率**または**粘度**といいます．実際には，高分子溶液やコロイド分散液においてせん断応力がせん断速度に比例しない場合が多く観測されます．これを**非ニュートン液体**と呼びます．これは流れの中で高次構造の形成や破壊が起こり，粘性が変化するためです．せん断速度が高いほどせん断応力が大きくなる，つまり粘度が上がることがあります（shear thickening **流動**）（付録図 3）．例えば，最密充填の状態にある粒子状物質に急激な変形を与えると，膨張して硬くなる挙動（**ダイラタンシー**）があります．逆に粘度が下がることもあります（shear thinning **流動**）．例えば，分子間力で架橋されている物理ゲルでは，流れによって架橋構造が破壊されて粘度が低下することがあります．また，ゲル状態にある物質をかき混ぜたり振ったりすると流動性を伴うゾル状態に変化し，放置すると再びゲル状態に戻る現象（**チキソトロピー**）が見られます．これは，顔料の粒子が分散したインク，マヨネーズ，マーガリンなどで見られる現象です．最初，これらの粒子は弱く物理的な相互作用してネットワークを形成しています．かき混ぜることによってネットワークが破壊されてゾル化しますが，静置すると粒子間の結合が再現されてゲルに戻るため粘度が回復します．また，緩やかなせん断流動で粒子が接近して相互作用し，粘度が増大する現象を**レオペクシー**と呼びます．高分子は非線型な粘弾性を示すため，せん断流動などの流動方向に対して垂直な方向に応力（**法線応力**）が現れることがあります．大きな変形を加えたときに生じる力の異方性によって生じる現象です．高分子の濃厚溶液に回転している棒を挿入したときに，溶液が棒に巻きついて這い上がる現象（**ワイゼンベルグ効果**）が見られます．

〔小泉〕

参考　小野木重治「化学者のためのレオロジー」化学同人（1982）

3.6 粘弾性（静的）

　高分子は弾性と粘性が同時に現れる粘弾性体です．弾性はひずみ（ε）に比例した応力（σ）を発現する性質です．弾性はバネ（弾性率 G）のフックの法則 $\sigma = G\varepsilon$ で表現できます．一方，粘性はひずみ速度（$d\varepsilon/dt$）に比例した応力（σ）を発現する性質です．粘性をダッシュポット（油の入ったピストン，粘性率 η）として考え，ニュートンの法則に従うとすると，$\sigma = \eta(d\varepsilon/dt)$ となります．高分子に一定のひずみを与え続けると，応力が時間とともに減少していく現象が応力緩和です．絡み合った鎖が相互に滑ることで解けるためと理解できます．バネとダッシュポットを直列に連結したマックスウェル模型で考えます（図1）．全体のひずみ ε はバネ（ε_1）とダッシュポット（ε_2）の和（$\varepsilon = \varepsilon_1 + \varepsilon_2$）と考えて解くと，$\sigma = \sigma_0 \exp(-t/\tau)$ となります．ここで $\tau = \eta/G$（緩和時間）で弾性率と粘性率の比で与えられます．

　一方，材料に一定の応力を与え続けると，ひずみが時間とともに増大する現象がクリープです．この現象をバネとダッシュポットを並列に連結したフォークト模型で考えます（図1）．全体の応力 σ はバネ（σ_1）とダッシュポット（σ_2）の和（$\sigma = \sigma_1 + \sigma_2$）と考えて解くと，$\varepsilon = (\sigma_0/G)[1 - \exp(-t/\tau)]$ となり，ひずみの増大が再現できます．クリープは荷重がかかる実用の材料においては致命的な現象です．これを避けるために，タイヤに対しては加硫による化学架橋に加えて，さらにカーボンブラックやシリカ微粒子などのフィラーを添加して高分子鎖の流動を抑制しています．また，ガラス繊維や炭素繊維を複合した補強も有効です．結晶性高分子においては結晶化度を大きくするとクリープが抑えられます．

　実際の高分子については，異なる弾性率をもつバネと異なる粘性率をもつダッシュポットをいくつも組み合わせたモデルを用いて解析を行っていきます．例えば，高密度ポリエチレンのように高弾性率の材料のクリープ現象を再現するためには，バネ，フォークト模型，ダッシュポットが直列でつながれた4要素モデルを考えます．　　　　　　〔小泉〕

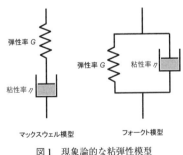

図1　現象論的な粘弾性模型

3.7 動的粘弾性測定

　高分子の変形に際して与えられたエネルギーは，分子間のポテンシャルの高まりと高分子鎖のエントロピーの減少（鎖は延ばされて形態数・自由度が減ります）という形で貯蔵されます．同時に，高分子鎖の滑り（絡まっていたのがほどけていきます）によって摩擦熱が発生して，エネルギーは散逸されてしまいます．これらの程度は高分子の弾性と粘性の兼ね合い（粘弾性）によって決まります．この粘弾性は，高分子の分子構造，分子の運動状態，凝集状態によってある程度調節できます．粘弾性を調べる方法として静的測定と動的測定があります．静的測定では，高分子を一定のひずみ速度で引っ張り，応力とひずみの変化を調べたり，一定の応力をかけてひずみの変化を調べたり（クリープ測定），一定のひずみをかけて応力の変化を調べたり（応力緩和）することで，評価を行います．一方，動的測定の例としては，高分子に角周波数 (ω) の正弦波ひずみ (γ) を与えて，応力 (σ) の応答を観察します（図1）．すなわち試料に $\gamma = \gamma_0 \sin \omega t$ を加えた場合の応力応答を観察します．応力はひずみに先行し，位相のずれ (δ) を生じます．これは内部摩擦によるもので，**エネルギー損失**を伴うものです．観察される応力は，ひずみと同位相の成分とひずみと 90 度位相がずれた成分に分けることができます．それぞれの成分の係数（重み）を**貯蔵弾性率**（G'）と **損失弾性率**（G''）と呼び，高分子の弾性と粘性の尺度を与えます．さらに G''/G' は弾性項を基準としたときの粘性項の割合であり，$\tan \delta$（**損失率**）となります．測定時には，これらを

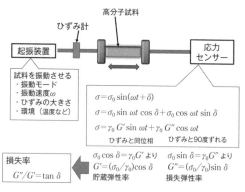

図1　非共振強制振動法による動的粘弾性の測定

振動数や温度の関数として測定することになります．振動数を変えた場合，低い振動数の領域では分子運動は変形に追随できるので，粘り気（粘性）の影響を受けやすくなります．一方，振動数を大きくすると，分子運動は変形に追随できなくなって粘性の影響が低下して，弾性の影響が大きくなってきます．次に，温度を変化させた場合では，$\tan \delta$（損失率）にいくつかのピークが現れます（図2）．

高い温度で見られるピークは**主分散**（α 分散）と呼ばれ，ガラス転移を反映しています．これよりも低温には**副分散**（β 分散，γ 分散）があり，側鎖の全体の分子運動，側鎖の局所の運動などを反映しています．これらは高分子の結晶の大きさや結晶化度，可塑剤などの配合剤によっても影響を受けます．さらに結晶性高分子では，主分散よりも高い温度で**結晶緩和**（非晶性高分子にはありません）と融解に伴う流動を反映する損失率の変化が観察されます（図2実線）．一方，貯蔵弾性率（G'）の温度変化を見ていくと，結晶性高分子では，ゴム状態の代わりに結晶性を反映する皮革状態と融解に伴う変化，さらに流動領域が観察されます（図2破線）．非晶性高分子では温度上昇とともに，①ガラス状態，②転移領域，③ゴム状態，さらに④流動領域が観察されます（図2点線）．この際に，架橋を行うと運動性が制限されて，高温では一定の値をとるようになります．この際，架橋密度が高いほど，G' の値も高くなります．　　　　　　〔藤本〕

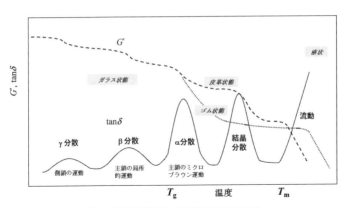

図2　結晶性高分子の粘弾性温度分布曲線

3.8 高分子の温度変化：ガラス転移と融点

　高分子の力学特性の温度変化は以下の4つに分類できます。

　①**ガラス領域**：セグメント内部の局所運動（C-C 結合の伸縮やねじれや側鎖の運動）以外の分子運動は凍結されています。弾性率は金属やセラミクスと同様に高い値（10^9 Pa のオーダー）を示し，分子量や分子量分布に依存しないエネルギー弾性を示します。

　②**遷移領域**：高分子はガラス状の固体（低温）から柔らかい固体（高温）へと変化します（**ガラス転移**）。これは非晶性物質に特有な現象で弾性率は $10^5 \sim 10^6$ Pa 程度のエントロピー弾性を示します。また，転移する温度を**ガラス転移温度**（T_g）といいます。示差熱分析（DTA）や示差走査熱量測定（DSC）による熱分析を行うと，T_g 付近に階段状の微小変化（吸熱）が見られます。ガラス転移は熱力学的な転移というよりは，主鎖の運動に要する特性時間が非常に長くなる動的な現象と考えることができます。温度が上昇をして T_g に達すると，炭素数でおよそ50程度の複数のセグメントが塊でミクロブラウン運動を開始します。これは熱運動が高分子間に働く弱い分子間力に打ち勝つためです。

　③**ゴム状平坦領域**：分子量が高いときは，絡み合うことで現れる仮想的な“管”に沿ってレプテーション運動します（図1）。その結果，遷移領域と流動領域の間で弾性率が一定になるゴム状平坦と呼ばれる温度が現れます。弾性率はゴムと同じ程度の 10^5 GPa であり，絡み合い点間の分子量（M_e）に依存しますが，全体の分子量に依存しません。また，結晶性高分子は，結晶化度とともに平坦部の弾性率が上昇します。架橋したゲルやゴムでもゴム状平坦部の弾性率が上昇します。分子量が低く絡み合いがないラウス鎖では，ゴム状平坦部は現れません。

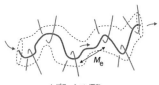

レプテーション運動

図1　絡み合う高分子鎖の分子運動

　④**流動領域**：ゴム状平坦部より高温側では絡み合いがほどけ流動状態となります。流動領域の温度は分子量に依存します。架橋高分子では流動領域はありません。結晶性高分子では融点（T_m）で流動化します。

〔小泉〕

3.9 ガラス転移温度と化学構造

　ガラス転移温度（T_g）は高分子のモノマーの化学構造や分子量などの一次構造と密接に関係します．T_g を決定する因子として，①分子量，②分子間相互作用，③分子鎖の屈曲性，④置換基の大きさ，⑤分子の対称性などが考えられます．

　①高分子鎖の末端は運動性が高いため，ガラスの運動性と関係する自由体積が大きくなります．そのため，同種の高分子で比較すると分子量の低いほど T_g が低く観測されます．T_g と分子量 M の関係は $T_g = T_g^0 - K/M$（K は定数）に従います．T_g^0 は分子量が無限大のときのガラス転移温度です．分子量が無限大の極限はゲル網目構造と考えることができます．実際に，架橋を導入すると T_g は上昇します．例えば，天然ゴムの架橋密度を高めたエボナイトの T_g は室温より高くなります．

　②側鎖に極性の大きな原子や官能基を導入すると，凝集力が増大して T_g が上昇します．電子吸引性の大きな塩素をもつ PVC の T_g は87℃です．同じく極性の大きなシアノ基を導入した PAN では $T_g = 101$℃ です．またポリアクリル酸メチルの T_g が3℃であるのに対して，ポリアクリル酸では106℃となります．これは側鎖のカルボキシ基どうしの水素結合によると考えられます．

　③主鎖にメチレンやエーテル結合があると骨格が柔軟になり T_g が低下します．ポリスチレンの T_g は100℃ですが，柔軟な高分子である PE の T_g は −125℃ となります．さらに，屈曲性が大きいポリジメチルシロキサン（PDMS）の T_g は −127℃ となり，すべての高分子の中で最低です．

　④置換基が大きくなると T_g は低下する傾向にあります．PMMA の T_g は105℃ですが，ブチルメタクリレートは $T_g = 20$℃，ドデシルメタクリレートは $T_g = -65$℃ となります．また，側鎖が結晶化すると T_g は高くなります．

　⑤ベンゼン環や複素環は剛直であり，ポリカーボネートは $T_g = 145$℃ であり，ポリイミドに至っては $T_g = 400$℃ となります．さらに，パラ位でつながった方がオルトあるいはメタ位のものよりも高い T_g を与えます．また，立体規則性の違いも T_g に大きな影響を及ぼします．イソタクチック PMMA とシンジオタクチック PMMA の T_g はそれぞれ 50℃ と 123℃ となります．

〔小泉〕

3.10 高分子の可塑化（T_g の調節）

　高分子に柔軟性を与えることを可塑化といいます．可塑化の目的は高分子の軟化点，ガラス転移温度を調節し，加工性や機械的特性を改良することです．そのため，高分子鎖の間隔を広げて分子間の凝集力を弱め，ミクロブラウン運動を活発なまま維持することが有効です．まず，高分子に低分子の可塑剤を添加する外部可塑化という方法があります．例えば，PVC に低分子のフタル酸ジオクチルなどの可塑剤を添加することで，T_g が低下して柔軟性が増します．これは玩具，ビニールシート，消しゴムなどに利用されます．また，T_g の異なる成分を共重合すること（内部可塑化）や異種の高分子を混合するポリマーアロイによって，T_g を調節することができます．

　共重合体の T_g は次式で説明できます．T_{g1} と T_{g2} をそれぞれ高分子 1 と高分子 2 のガラス転移温度とすると，例えば，

$$T_g = w_1 T_{g1} + w_2 T_{g2} \quad (\text{Gordon-Taylor の式}) \tag{1}$$

と表されます．ここで w_1 と w_2 はそれぞれ重量分率を表し，T_g の前後での熱膨張率の差が等しいと仮定しています．また，別の表式として

$$1/T_g = w_1/T_{g1} + w_2/T_{g2} \quad (\text{Fox の式}) \tag{2}$$

と表され，共重合体の T_g をよく説明できます．例えばポリ塩化ビニルとポリ塩化ビニリデンの T_g はそれぞれ 87℃ と −19℃ であり，これらのモノマーを共重合することで T_g の調節が行われ，食品用の包装フィルムに利用されています．

　衣類のアイロンがけは可塑化の実例で，適正温度とは，綿，麻，レーヨン繊維など素材である高分子の T_g と関係があります．それぞれの T_g 以上に加熱してプレスすることで，衣類のしわを伸ばしています．綿製品はセルロースが主成分であり，分子内，分子間に強固な水素結合が存在しています．しわを伸ばすには，すなわち可塑化には，この水素結合を切断することが有効です．そこで，セルロースの水酸基と親和性のある水を可塑剤として用いると，綿製品は可塑化されて適正温度よりも低温でアイロンがけを行うことができるようになります．　〔小泉〕

3.11 時間-温度換算則

高分子材料に一定のひずみを加えたまま放置すると弾性率は時間とともに変化します。この現象を**クリープ**といい緩和弾性率 $E(t)$ で示します。様々な温度で得られた緩和弾性率を時間軸に水平移動させると1本のマスターカーブが得られます。この際に得られる**移動因子** (a_T) は実験的に

$$\log a_T = -\frac{17.44(T-T_g)}{51.60+(T-T_g)} \tag{1}$$

となることが見出されています（WLF式）。この式では T_g を基準温度として、T_g より低い温度の結果を短時間方向に、高い温度の結果を長時間方向に移動させて一致させます。温度を時間に読み変えると、マスターカーブは広い時間範囲に渡る緩和弾性率の変化を表したものとみなすことができます。これを**時間-温度換算則**と呼びます（付録図4）。

温度の影響を考えると、高温では熱膨張のため自由体積（V_f）と呼ばれる高分子鎖の隙間が増えると考えられます。高分子の体積（V）は占有体積（V_0）と自由体積の和（V_0+V_f）で与えられます。粘性率 $\eta(T)$ は自由体積分率 $f(T)[=V_f/(V_0+V_f)]$ を用いて $\eta(T)=A\exp[B/f(T)]$ と表すことができます（Doolittle の粘度式、A, B は実験で決まる係数）。自由体積分率の温度変化は $f(T)=f(T_0)+\alpha(T-T_0)$ で与えられます。ここで、α は熱膨張係数です。異なる温度の粘度の比をとり、上の粘度式を代入すると、

$$\log \frac{\eta(T)}{\eta(T_0)} = \frac{B}{2.303}\left[\frac{1}{f(T)}-\frac{1}{f(T_0)}\right] \tag{2}$$

となります。すなわち、

$$\log \frac{\eta(T)}{\eta(T_0)} = \frac{C_1(T-T_0)}{C_2+(T-T_0)} = \log a_T \tag{3}$$

と書き換えると移動因子 a_T は粘度の比で記述できます（C_1, C_2 は式（1）の定数）。ここで緩和弾性率の緩和時間 τ は粘度 η と $\tau=\eta/E$ の式で関係付けられます。

〔小泉〕

3.12 融解と結晶化

結晶性高分子は結晶領域と非晶質領域の両者を含んでいます．同じように T_g 以上で非晶質領域の運動が活発になります．結晶化度の低い場合には，運動の解放とともに高分子鎖の再配列が起こり，結晶化することがあります（**冷結晶化**）．さらに高温にすると，すべての結晶領域が融解を起こして体積が増加します．融解は一次の相転移現象であり，熱測定においては幅広い吸熱ピークが観察されます（融点，T_m）．ピークの幅が広いのは，様々なサイズの結晶を含んでいるからです．結晶性ラメラにおいて，結晶の厚みが薄くなると T_m が低下します．なお，吸熱ピークの面積は融解エンタルピーを表しています．

融解状態から冷却することによって結晶化が起こります．高分子鎖の立体規則性が高いほど結晶化は促進される傾向があります．鎖の分岐構造は結晶化を抑制します．長い分岐を多く含んでいる LDPE では結晶化が抑制されて T_m は低くなります．網目構造も同様に結晶化を阻害します．結晶化速度については，冷却直後は緩やかですが，結晶化が進むと徐々に速くなっていきます．これは結晶の核生成が最初はゆっくりと起こり，いったん生成すると成長が著

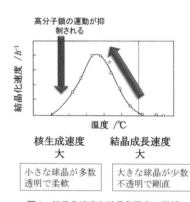

図1 結晶化速度と結晶化温度の関係

しく促進されるためです．結晶の成長につれて周囲は凍結されて高分子鎖の運動は抑制され，結晶化速度は遅くなります．この際，冷却温度を変えて測定すると，T_g と T_m の中間でピークが現れます（図1）．T_m よりも低い温度では結晶化が促進されて結晶化速度は高くなりますが，さらに温度を下げると周囲が凍結されて結晶界面への高分子鎖の移動が抑制されます．そのため，結晶化速度は低下します．高温で結晶化させると，大きな球晶が生成して不透明で剛直な高分子が得られます．低温では，小さな球晶が多数生成し，透明で柔軟な高分子が得られます．冷却温度を一定にした際の結晶化（**等温結晶化**）に関しては，Avrami（アブラミ）の理論があります．まず，核生成については，一次核が融液中に均一に発生し，一定速度でその数を増やしていく過程（**均一核生成**）と，初めから融液中に一定数の核のようなものが存在して生成する過程（**不均一核生成**）に分けること

ができます．また，成長の律速過程については，結晶界面における高分子鎖の付着と結晶界面への高分子鎖の拡散を考えます．これらの前提のもとで，

$$\phi_c(t)/\phi_c(\infty)=1-\exp(-kt^n) \qquad (1)$$

という式で結晶化様式を解析することができます．ここで t は冷却時間，$\phi_c(t)$ と $\phi_c(\infty)$ はそれぞれ時間 t と ∞ のときの結晶の体積分率であり，式 (1) の左辺は時間 t における結晶化率を示しています．n は Avrami 指数と呼ばれ，結晶核の生成と成長を反映しています．結晶化は高分子を延伸することによっても起こすことができます．このとき，結晶化が有利なように高分子鎖の再配置が起こり，生成した結晶は延伸方向に配向して，高分子は繊維化します．

　高分子の平衡融点 T_m^0（$\Delta G=G(\text{溶融})-G(\text{結晶})=0$）は低分子結晶と同じように $T_m^0=\Delta_{fus}H/(\Delta_{fus}S)$ の式で表すことができます．ここで $\Delta_{fus}H$ は融解エンタルピー変化，$\Delta_{fus}S$ は融解に伴う鎖エントロピー変化で，それぞれ正の値をもちます．$\Delta_{fus}H$ が高いほど，すなわち高分子間の相互作用が大きいほど T_m が増加し，さらに融解に伴うエントロピー変化 $\Delta_{fus}S$ が小さい（例えば剛直鎖）ほど T_m が増加することを意味しています．

　一方，多くの結晶性高分子の T_m は T_m^0 よりも低いことが知られています．例えば，結晶性ラメラの厚みが 10 nm 程度になってくるとギブスエネルギーにおいて曲率や表面の効果（表面自由エネルギー）が無視できなくなります．その結果，巨視的サイズの結晶のギブスエネルギーとは異なる値となります．このとき，結晶性ラメラの厚みを l とすると融点 $T_m(l)$ は $T_m(l)=T_m^0(1-2\sigma_e/(l\Delta h))$ で与えられます（Gibbs-Thomson の関係式）．ここで，σ_e と Δh はそれぞれ結晶性ラメラの表面自由エネルギーと単位体積当たりの $\Delta_{fus}H$ に相当します．同じ結晶化度の高分子でも，ラメラの厚みによって融点が変化するという高分子特有の現象です．

〔藤本〕

3.13 結晶構造の評価

　高分子は鎖が長いだけでなく，結晶化を妨げる鎖末端や分岐があるので完全な結晶を得ることが難しい物質です．したがって，高分子固体は結晶と非晶の混合状態になります．固体中に結晶の占める割合を結晶化度（X_C）と定義します．たとえば X_C は固体の総質量 W[g]，結晶領域の質量 W_C[g]，非晶領域の質量 W_a[g] とすると，

$$X_C[\%] = \frac{W_C}{W} \times 100 = \frac{W - W_a}{W} \times 100 \qquad (1)$$

と定義されます．同じ高分子でも結晶化をさせる条件を変えると X_C は異なる値となります．実際は，密度法により試料全体の密度 ρ を実測して，結晶領域と非晶領域の加成性を仮定して X_C を決定します．

$$X_C[\%] = \frac{\rho_C(\rho - \rho_a)}{\rho(\rho_C - \rho_a)} \times 100 \qquad (2)$$

ここで ρ_C, ρ_a は結晶領域と非晶領域の密度です．熱分析法は，熱分析装置（示差走査熱量計 DSC）を用いて結晶融解に伴う吸熱量 ΔH_e を計測します．完全結晶の融解熱を ΔH_e^0 とすると両者の比から結晶化度

$$X_C[\%] = \frac{\Delta H_e}{\Delta H_e^0} \times 100 \qquad (3)$$

が評価できます．しかし，通常の結晶性高分子では完全結晶を得ることが不可能なので結晶化度の異なる試料の密度と吸熱量を複数計測して検量線を作成して用いられています．散乱法は広角 X 線回折（wide-angle X-ray diffraction）の回折ピークの強度から結晶化度を定量化します．ブラッグの反射条件 $2d \sin \theta = \lambda$（2θ と λ は散乱角と波長）を満たすとき結晶の格子面の反射は鋭い回折を示します（I_c）．一方で非晶は幅が広い散漫散乱（I_d）が現れます．結晶からのピークの強度（I_c）の散乱強度の全体 $I(= I_c + I_d)$ に占める割合から結晶化度を評価することができます．結晶構造を特徴付ける指標としての結晶サイズ（D）も散乱法を用いて評価することができます．D は回折ピークの幅 β（単位はラジアン）と $D = K\lambda/(\beta \cos \theta)$ で関係付けられます（K は装置定数）．この式は Scherrer の式と呼ばれています．

〔小泉〕

3.14 エラストマー

　天然ゴムは，1,4-ポリイソプレンのシス体（図1）からなる生ゴム（未架橋ゴム）を練って分子量を整えて，酸化防止剤，無機充填剤などを配合し，最後に硫黄を加えて高分子鎖間を架橋（加硫）したものです．シス体の高分子鎖は折れ曲がった構造をとるため，分子間相互作用の機会が減ることになります．そのため，ゴムの T_g は室温以下となり，引っ張ると柔軟でよく伸びますが，架橋があるため流動化することはありません．さらに，引っ張るのをやめると元に戻ろうとします．これは伸長によって減少した高分子鎖の乱雑さ（エントロピー）を収縮によって回復しようとするためです（**ゴム弾性**あるいは**エントロピー弾性**）．一方，トランス体（グッタペルカ）は高分子鎖が直線構造で重なり合うため，分子間相互作用が働くようになり，

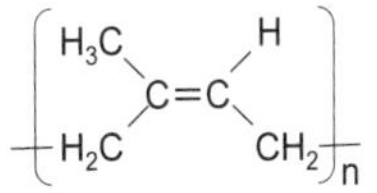

図1　シス-1,4-ポリイソプレン

硬い樹脂状の物質となります．次に，合成ゴムの例として，スチレンとブタジエン，さらにスチレンのトリブロック共重体（SBS）を紹介します．このゴムでは，ゴム弾性を担うブタジエンのブロック部が連続相となり，その中にスチレンのブロックが集まった部分が分散して架橋部位を形成しており，加硫プロセスが不要です．このような高分子は**熱可塑性エラストマー**と呼ばれ（図2），使用温度ではゴム弾性を示しますが，加熱すると架橋部分がほどけて（可塑化），成形可能となります．この他に，イソブチレンとイソプレンを共重合したゴム，アクリロニトリルとブタジエンを共重合したゴムなどがあります．前者は気体透過性が低く，後者は耐油性に優れています．また，シロキサン結合（Si-O-Si）の主鎖を有する**シリコーンゴム**は，耐油性に加えて，耐熱性と耐寒性に優れています．　〔藤本〕

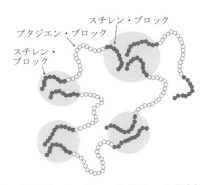

図2　熱可塑性エラストマー（トリブロック共重合体）

3.15　気体透過性

　非多孔質性の高分子膜は液体をほとんど通しませんが，気体は透過していきます（図1）．気体は膜表面に吸着し，濃縮されて高分子内部に溶け込みます．そして，膜の外と内の分圧差（$p_1-p_2>0$）を駆動力として，気体は高分子鎖の間を移動し，最後に膜から脱離します（**溶解−拡散機構**）．ちょうどコンタクトレンズの中を酸素が透過していくイメージです．気体分子の吸着は膜表面の状態によって影響を受けるので，以下ではゴム状態にあると仮定して話を進めます．気体の透過は気体の高分子への溶解と拡散で決まります．それぞれの程度は**溶解度係数**（S）と**拡散係数**（D）で表すことができ，高分子と気体の組み合わせで決まります．これらをかけ合わせた**透過係数**（$P=S\times D$）を用いて，膜の気体透過性を評価することができます．また，一定の分圧差においてPを測定し，その値を膜の厚み（L）で割った値を透過度として評価に用いることもあります．

　さて，溶解度係数（S）について考えてみましょう．気体は高分子表面に吸着・濃縮した後，高分子に溶解（混合）することで，膜内部に入り込んできます．次に，高分子と気体の相性が良いかどうかを，混合に伴うエンタルピー変化（ΔH）で考えてみると，相性が良い（$\Delta H<0$）と気体は高分子に溶け込みますが，悪い（$\Delta H>0$）と溶け込まなくなります．前者は高分子と気体の間に分子間力で結合したときに溶解（混合）が進むことを表しています．後者は，高分子どうしの凝集エネルギーが強いため気体が入り込む余地がないということです．次は，拡散係数（D）について考えてみましょう．気体分子が通過する高分子内部には，どれくらいのサイズの間隙があるのか，高分子鎖は動いているのか凍結しているのか，ということが重要になります．前者は高分子鎖の充填度，結晶化度，架橋密度などが関係しています．後者は高分子鎖の運動性や自由体積，それに温度も関係しています．

　酸素と二酸化炭素のような極性の低い気体は高分子との間で分子間力を及ぼし合う能力が低いので，それぞれの透

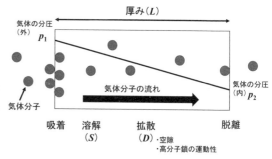

図1　高分子中の気体透過挙動
（左から右へ気体●は透過しています）

過性（P_{O_2} と P_{CO_2}）においては溶解よりも拡散の影響が大きくなります．例えば，柔軟な Si-O 結合を主鎖にもつポリジメチルシロキサン（PDMS）やポリ（1-トリメチルシリル-1-プロピン）（PTMSP）のように大きな自由体積をもつ高分子は高い P_{O_2} を示します（図2）．一方，凝集エネルギーの強い高分子であるポリアクリルニトリル（PAN），ポリ塩化ビニリデン（PVDC），PET などは，低い P_{O_2} と P_{CO_2} を示すようになります．水蒸気は極性を有しているので，拡散だけでなく溶解の影響を考える必要があります．PAN や PET は極性基をもっているため，水蒸気との親和性が高く，P_{H_2O} は高くなります．逆に LDPE は凝集エネルギーが低いため，比較的高い P_{O_2} を示しますが，無極性であるため水蒸気を溶解できず，P_{H_2O} は低い値となります．気体を透過しない特性も有用な特性であることから，**バリア性**と呼ばれています．PVDC は酸素バリア性だけでなく水蒸気バリア性も有しています．これは PET と違い，PVDC は水蒸気を溶解しないためです．このような膜は，物質の酸化を防止し，吸湿や乾燥を防ぐ機能をもっています．また，気体による透過性の違いを利用することによって気体を分離することができます．**ポリ(4-メチルペンテン-1)**（PMP）は熱可塑性樹脂の中で密度が最も低いため，酸素透過性が極めて高く，**酸素富化膜**として人工肺用膜に使われています．〔藤本〕

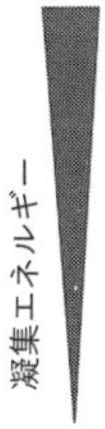

		無極性気体		極性気体
		P_{O_2} X10^{10}	P_{CO_2} X10^{10}	P_{H_2O} X10^{10}
	PAN	0.0003	0.0018	300
	PVDC	0.0053	0.029	1.0
	PET	0.035	0.17	175
	HDPE	0.40	1.80	12
	LDPE	6.90	28.0	90
	PDMS	605	3240	40000

単位: cm^3(STP) cm cm^{-2} sec^{-1} cmHg^{-1}, 30℃

（縦軸：凝集エネルギー）

図2　高分子膜の気体透過性における高分子と気体の個性と相互作用（S. M. Allen *et al.*, *J. Membr. Sci.*, **2**, 153-164（1977）から）

参考　川上浩良「工学のための高分子材料化学」サイエンス社（2001）
　　　増田俊夫，高分子，**47**，5，336（1998）

3.16 物質透過性，分離膜

　多孔質の高分子膜は液体を通過させることができ，細孔径に応じて機能性分離膜として広く活用されています．分離膜として最も多く用いられているのは**ろ過**です．ろ過は液体中に分散している固体粒子などを多孔質膜などによって捕捉し，液体から分離する固液分離の操作で，多岐にわたる産業分野の基盤技術です．多孔質膜は，非溶媒や熱誘起を用いた相分離法，高分子ナノ結晶化法，加熱分解を利用した多孔質化法，フィルム延伸法，加湿下自己組織化法，ブロックコポリマーのミクロ相分離構造を利用する方法，CO_2超臨界流体を用いる方法などによって作られています．また，ポリエチレンやポリプロピレンからなる多孔質膜はリチウムイオン電池の正極と負極を隔てるセパレーターとして，フッ素系の高分子固体電解質膜は燃料電池の燃料極で生成するプロトン（H^+）を酸素極側に移動させる機能性膜として利用されています．

　ろ過は分離機構の違いによって**ケークろ過**と**清澄ろ過**（内部ろ過）に大別されます．前者は比較的濃い懸濁液を分離膜でろ過する場合に相当し，後者は希薄な懸濁液を砂層のような厚いろ材でろ過する場合に相当します．

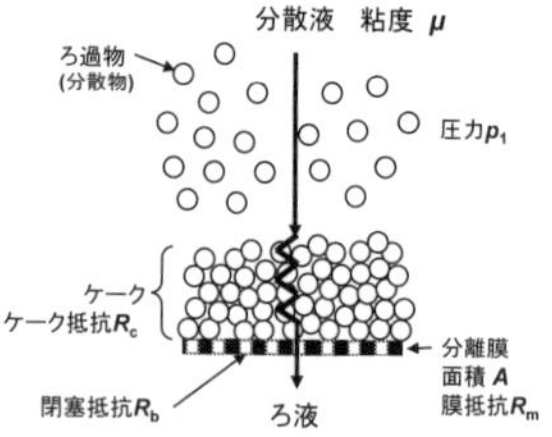

　図1には，ケークろ過のモデル図を示します．流れの速さ（流速）は，圧力差（推進力 $\Delta p = p_1 - p_2$）に比例し，流れを妨げようとする抵抗 R に反比例します．すなわち，ろ過速度 $q[\mathrm{m\,s^{-1}}]$ はろ過面積 A 当たりのろ液量 V を時間で微分したものであり，次式で与えられます．

図1　ケークろ過のモデル

$$q[\mathrm{m\,s^{-1}}] = \frac{1}{A}\frac{dV}{dt} = \frac{\Delta p}{\mu(R_\mathrm{m} + R_\mathrm{b} + R_\mathrm{c})} \tag{1}$$

　ここで，μ は液体の粘度，R_m, R_b, R_c はそれぞれ分離膜の抵抗，閉そくによる抵抗，ケーク層の増加による抵抗です．ろ過を効率的に行うためにはろ過抵抗をいかに低減できるかが重要となり，材料面からは細孔サイズおよびサイズ分布の制御，ろ材の液体との濡れ性などが重要な因子になります．

　図2に示すように，分離膜は精度（孔径）の違いから，**精密ろ過膜**（$0.1\,\mu\mathrm{m}$より大きい粒子や高分子をろ過），**限外ろ過膜**（$0.1\,\mu\mathrm{m} \sim 2\,\mathrm{nm}$ の範囲の粒子や高分子をろ過），**ナノろ過膜**（$2\,\mathrm{nm}$ より小さい粒子をろ過），**逆浸透膜**（加圧によ

り浸透圧差と逆方向に溶媒が移動し,イオンを除去)に分類され,この順に分離精度は高くなります.

精密ろ過膜には,ポリカーボネート,酢酸セルロース,ポリビニルアルコール,ポリビニルデンフロオライド,酢酸セルロース＋ニトロセルロース混合膜,ポリエチレン,ポリプロピレン,ポリテトラフルオロエチレンなどがあります.また,人工透析には数 nm の細孔径をもつ径 0.2 mm,膜厚 10～20

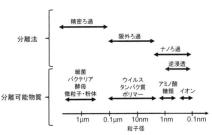

図2　高分子分離膜の種類と分離可能な物質

μm の中空糸を 1 万本束ねてモジュール化されたものが用いられています.

限外ろ過膜には再生セルロース,ポリアクリロニトリル,ポリ塩化ビニル－ポリアクリロニトリル共重合体,ポリエーテルスルフォン,芳香族ポリアミドなどが用いられています.

イオン交換膜ではイオン交換樹脂の主成分であるスチレン-ジビニルベンゼン共重合体をスルホン化と 4 級アンモニウム塩化したものが用いられています.逆浸透膜は細孔径 2 nm 以下の膜で,塩水溶液側を加圧することによって水だけを取り出す方法であり,中空糸を多数束ねてモジュール化した装置は海水や汚水の淡水化や家庭用浄水器に利用されています.　　　　　　　　〔川口〕

参考　向井康人「ろ過の基礎知識 1-6」株式会社イプロス Tech Note 編集部
　　　　https://www.ipros.jp/technote/
　　　　田中孝明ら「多孔質フィルム／膜の製造技術」S & T 出版（2016）

3.17 透 明 性

　アクリル樹脂やメタクリル樹脂のように透明性が高い材料は，コンタクトレンズ，光ファイバー，太陽光集光レンズなどの光学材料に用いられています．透明性に影響を与える要因として，光（電磁場）の反射，散乱，吸収が挙げられます．光が，物質表面に対して垂直に入射すると材料と空気，あるいは材料どうしが接する界面において光の**反射**が生じ，残りの光が透過します（図1）．この際，材料間の**屈折率差**（n_1-n_0）が大きいほど**反射率**が高くなり，透明性が低下します．また，物質内に結晶構造などに由来したミクロンサイズの細かな密度揺らぎや不純物による屈折率分布が生じると，光の波面が球面波となり，**散乱**が起こります．これにより，物質は白濁し透明性が低下します．さらに，物質の分子構造に由来した電子の励起による光の吸収や原子間の結合における伸縮振動や偏角振動との共鳴による吸収によっても透明性が低下します．光の**吸収**は，$I=I_0 \mathrm{e}^{-\alpha z}$（Lambert の法則）で表され，$I_0$ は入射光の強度，I は物質中を距離 z 進んだ位置の光強度，α は吸光係数です．この際物質の**透過率**は I/I_0 であり，材料の透明性は，通常厚さ数 mm の平滑な板状試料の透過率スペクトルより評価します．透明性の高い高分子は，光信号を伝送する光ファイバーに活用されています．光ファイバーの基本構造は，屈折率の高い繊維状のコア部を，屈折率の低い高分子が覆った2層構造からなっています．この界面において光が全反射を繰り返すことで，光が伝送されます．このとき，光の**散乱損失**と**吸収損失**を抑えることで長距離伝送が可能となります． 〔福井〕

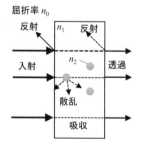

図1　物質による光の反射，透過，
散乱および吸収の過程

参考　國武豊喜監修「図解高分子新素材のすべて」工業調査会（2005）
　　　小池康博，多加谷明広「高分子先端材料 One Point フォトニクスポリマー」共立出版
　　　（2004）

3.18 蛍光・発光性

有機分子に光を照射すると電子準位間のエネルギー差分の光を吸収し励起状態となり，基底状態に戻る過程において光（**蛍光**）を放射します．一般的に芳香環や不飽和結合を有する分子は，可視光域に蛍光を示します．これは，C=C結合が共役し，共役長が長くなるほど可視光域に吸収をもつようになるためです．したがって，導電性高分子のようなπ電子共役ポリマーは強い蛍光を示します．また，非共役高分子に発色基を導入した場合，高分子鎖内の発色基間の相互作用を蛍光で検出することが可能です．例えば，ピレンのような多環芳香族化合物は，励起された分子同士が二量体を形成し，単量体とは異なる蛍光スペクトルを示します（**エキサイマー発光**）．このような発色基を高分子の両末端に結合してエキサイマー発光を観察することで，高分子のコンフォメーション変化を検出することが可能です．また，励起状態の発色基（ドナー）から，近接した他の受容体（アクセプター）にエネルギー移動が生じ，消光あるいは受容体から蛍光が放出される**蛍光共鳴エネルギー移動**（FRET）が知られています．この現象は，タンパク質の抗原-抗体反応，核酸の配列特異的結合の認識などの検出に応用されています．以上のような光励起発光に加えて，電場による発光である**電界発光**（EL）があり，有機ELディスプレイとして実用化されています．主に共役系高分子からなる薄膜を電極ではさみ，直流電界を印加することで生じる電子と正孔が1つの分子内で再結合し，励起状態となって発光します．

また，タンパク質による発光として，オワンクラゲのイクオリンと緑色蛍光タンパク質（GFP）が有名です．イクオリンの蛍光をGFPが受けて緑に光るようになります．GFPは238個のアミノ酸からなるタンパク質で，このうち3つのアミノ酸が発色団を形作っています．このGFPを遺伝子導入して細胞に発現させて光らせることで，細胞を蛍光標識することができます． 〔福井〕

参考 大西敏博，小山珠美「高分子先端材料 One Point 高分子 EL 材料—光る高分子の開発」共立出版（2004）
浜口浩三，武貞啓子「生物化学実験法 6 蛋白質の旋光性」学会出版センター（1971）

3.19 耐 久 性

　身の回りにある高分子材料が日々どの
ような環境下に置かれていてどのような
刺激にさらされているかの概略を図1に
示します．高分子材料には可塑剤，着色
剤，難燃剤，紫外線吸収剤，ラジカル補
足剤，補強材などの様々な物質を含んで
います．それら混合物が空気や水分，異
種材料（金属やセラミックス）などと接
しており，光や電気，熱および力などの
外部刺激を受けています．以下には，高
分子材料の力学的刺激に対する耐久性の

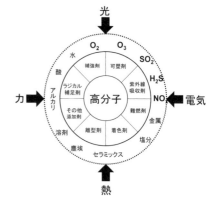

図1　種々の環境における高分子材料の耐久性

評価方法と，光刺激などに対する化学的耐久性について説明します．高分子材料
の力学試験には引張試験に加えて圧縮試験，曲げ試験，摩擦・摩耗試験，クリー
プ変形試験，疲労試験，耐衝撃性試験などがあります．中でも実際に使用中に落
下したり，外力が加わったとき生じる割れを議論する時には**耐衝撃性強度**が重要
になります．耐衝撃性試験はアイゾット衝撃試験（歪み速度 $10^7 \sim 10^8$ %/min），
シャルピー衝撃試験（歪み速度 $10^7 \sim 10^8$ %/min），落錘衝撃試験（歪み速度 10^4
$\sim 10^5$ %/min）で行われます．高分子材料の耐衝撃性を上げるための方法として，
応力集中を緩和すること，構造欠陥となるボイド形成を抑制することが行われて
います．例えば，PE では核剤を添加して微結晶化することで耐衝撃性が向上し
ます．PET では二軸延伸することで分子鎖を配向させて強化が行われています．
耐衝撃性ポリスチレン（HIPS）では T_g の低いゴム微粒子と複合化することで
応力の緩和を行っています．フィラーと呼ばれる硬質の無機粒子を添加すると弾
性率は増大しますが，耐衝撃性は低下してしまいます．このとき，粒子サイズを
小さくするとボイドの形成が抑制されて，耐衝撃性が向上することが知られてい
ます（ナノ複合材料）．

　高分子材料が屋外で使用されると O_2, O_3, 光，熱，水分などの影響を受けて化
学的・物理的な構造が変化し，劣化します．その中でも最も重要な環境因子は，
空気中の O_2 です．ポリマー鎖を RH としたときの酸化反応の開始，成長，停止
反応の機構を示します（図2）．酸化によって極性化，切断，架橋などが起こり，

高分子の様々な特性の低下（**劣化，脆化**）が起こります．特に3級炭素を多くもつPPは容易に酸化されてしまいます．また，PVCは酸化反応とともに脱HClも起こり，劣化されやすい高分子です．酸化に伴うポリマーの劣化を抑制するために，**ラジカルトラップ剤**としてヒンダードフェノール系のIrganoxとヒンダードアミン系のHALSが用いられています（図3）．これらは，ラジカルがヒドロキシ基やアミノ基の水素を引き抜き，安定（不活性）なフェノキシラジカルやアミノラジカルが生成し，それ以上の酸化反応が抑制されるためです．また，紫外線吸収剤としてベンゾトリアゾール誘導体やベンゾフェノン誘導体が用いられています．さらに高分子の難燃化にはリン酸エステル系の**難燃剤**が用いられています．

〔川口〕

参考　大石不二夫，高分子，**35**，7，646-649（1986）
　　　井手文雄「特性別にわかる実用高分子・材料」工業調査会（2002）

開始反応
　　　RH → R・
成長反応
　　　R・ + O$_2$ → ROO・
　　　ROO・ + RH → ROOH + R・
　　　ROOH → RO・ + HO・
　　　ROOH + RH → RO・ + H$_2$O + R・
　　　2ROOH → RO・ + ROO・ + H$_2$O
停止反応
　　　R・ + R・ → R-R
　　　R・ + RO・ → ROR
　　　RO・ + RO・ → ROOR
　　　2ROO・ → ROOR + O$_2$　or etc.
　　　R・ + HO・ → ROH

図2　酸化反応の機構

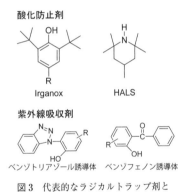

酸化防止剤

Irganox　　　　　HALS

紫外線吸収剤

ベンゾトリアゾール誘導体　ベンゾフェノン誘導体

図3　代表的なラジカルトラップ剤と
　　　紫外線吸収剤

3.20 高分子の分解性

　光，熱，酸素，水，酸，塩基，微生物などの要因によって，高分子材料の分子量が減少したり，機械的強度が低下したりしたのち劣化します．これらの要因によって，高分子を構成する化学結合の弱い箇所から開裂反応が起こるためであり，この現象を分解と呼びます．分解を引き起こす要因に応じて，**光分解**，**熱分解**，**酸化分解**，**加水分解**などと呼びます．高分子の分解は，①高分子鎖の末端から順に結合開裂が起きる場合（アンジッピング解重合）（図1）と②高分子鎖の任意の場所で結合開裂が起きる場合（ランダム分解）（図2）に分類することができます．①の場合では，分解生成物が単一構造の低分子となり，②の場合では，様々な分子量の生成物からなる分解物が生じることになります．分解生成物の均一性が高分子のリサイクルに強く影響します．高分子材料のリサイクルには，燃焼による熱エネルギーを再利用するサーマルリサイクル，材料を再加工するマテリアルリサイクル，分解生成物を再利用するケミカルリサイクルがあります．ケミカルリサイクルは，分解生成物の種類に応じて，モノマーに解重合するモノマー還元，他の化学原料に変換する化学原料化，様々な混合物からなる油化に分けられます．

モノマー還元

図1　アンジッピング解重合

図2　ランダム分解

　高分子を加熱すると熱エネルギーによって，結合解離エネルギーが低く安定性に劣る共有結合の箇所から開裂します．高分子主鎖の各結合の解離エネルギーがほとんど同じ場合，結合開裂はランダムに起こります．一方，高分子鎖末端やランダム分解で生じた活性点を起点に次々と結合開裂が起こる場合もあります．一般に，ポリエチレンを除くビニルポリマーやポリエステルはアンジッピング解重合が起こりやすいです（図3，4）．なお，重合と解重合が平衡反応である場合，温度が高くなるほど解重合の速度が大きくなり，ある温度で重合速度と解重合速度が等しくなります．このようなポリマーの生長が起こらなくなる温度を天井温度と呼びます．

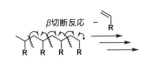
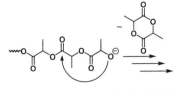

図3　ビニルポリマーのアンジッピング解重合　　　図4　ポリエステルのアンジッピング解重合

　空気中に含まれる酸素や水も高分子を分解する要因となり，熱分解よりも温和な条件で起こります．一度生成したポリマーラジカルに酸素が付加することで反応性の高いペルオキシルラジカルが生じ，オキシルラジカルなどの生成が繰り返されます（自動酸化反応）．酸化反応による分解を抑制するために，酸化防止剤が添加されており，自動酸化反応により生じたラジカル種と反応することで自動酸化反応の連鎖を断ち切ります．また，太陽光の下に高分子材料をさらすと，結合の開裂反応が起こり分解・劣化します．太陽光に含まれる紫外線（300 nm の光で 400 kJ mol^{-1}）のエネルギーが C-C 結合の化学結合エネルギー（350 kJ mol^{-1} 程度）よりも高いために開裂反応が生じます．

　生物化学的に高分子を分解する反応を**生分解**と呼び，酵素による主鎖の開裂（酵素分解），微生物による分解代謝（微生物分解），生体内などでの高分子の分解および分解生成物の代謝（生体内吸収）などがあります．天然高分子であるセルロースやキトサンなどが生分解性を示すのに加えて，合成高分子であるポリ乳酸やポリカプロラクタムなども生分解性を示します．近年，生分解性ポリマーは医療用材料だけでなく，難分解性プラスチック材料の環境負荷や海洋に漂うマイクロプラスチックの問題から，一般プラスチック材料の代替品として利用されています．しかし，一言に生分解性といっても，どのような環境下で生分解性が発現されるかは，高分子の種類によります．マイクロプラスチックの問題となっている材料で，水環境下での生分解性を示すものはごく一部（ポリヒドロキシブチレート／ヒドロキシヘキサノエート）となります．　　　　　　　　〔箕田・本柳〕

表1　生分解性高分子

分　類	代　表　例
天然高分子	デンプン，セルロース，キトサン，コラーゲンなど
合成高分子	ポリカプロラクタム，ポリ乳酸，ポリグリコール酸，ポリヒドロキシ酪酸など
複　合　系	デンプン／ポリカプロラクタム，デンプン／ポリビニルアルコールなど

3.21 刺激応答性

　刺激応答性高分子は，環境の変化を刺激として受け取り，高分子の分子構造や材料構造を変化させることで，物性や機能が変化するユニークな特性を有しています．例えば，**温度応答性高分子**である poly（*N*-isopropylacrylamide）（PNIPAm）は低温では水に溶解し，下限臨界共溶温度（LCST）である 32℃ 以上では水に不溶となります（図1）．側鎖のイソプロピル基は，数分子の水が作る "かご構造" に囲まれた疎水性水和状態にありますが，温度上昇に伴い水分子が解放され，イソプロピル基どうしが会合します．これにより高分子は収縮し，不溶化します．このような温度応答性の PNIPAm を基板表面からブラシ状に生やすと表面の親疎水性が温度によって変化するようになります．また，疎水性のポリ乳酸（PLGA）と親水性のポリエチレングリコール（PEG）が連結した共重合体は，室温から体温付近への温度上昇により，疎水基どうしが会合して架橋点となることでゲル化します．このため，体内に注入すると，体温に応答してゲル化し，PLGA は体内で徐々に分解吸収されます．そのため，体内での薬物放出デバイス，細胞の足場材料，癒着防止剤などへの応用が期待されています．LCST とは逆に，低温では分子内結合により不溶化し，高温では結合が解離して溶解する上限臨界共溶温度（UCST）型の高分子も存在します．

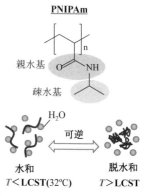

図1　PNIPAm の構造と温度応答性

　また，分子内にカルボキシ基やアミノ基といった解離基を有する高分子は，pH によって荷電状態が変化し，物性が変化します．例えば，ポリアクリル酸はアクリル酸の pKa 以上ではカルボキシ基が解離し，分子内の電荷反発によって高分子鎖が広がり，pKa 以下ではカルボキシ基がプロトン化するため収縮します．イオン添加によっても**電荷遮蔽**が起こるため，高分子は収縮します．また，高分子中に酸性 pH で開裂するヒドラゾン結合を導入することで，酸性環境に応答した分解性を付与することが可能です．このような pH 応答性は，生体内の pH 変化を利用した薬剤の放出制御，pH 環境の検出による疾病の診断への応用が期待されています．

光，電場，磁場は，局所的かつ遠隔的に材料へ作用可能なことから，これらの刺激に応答する様々な高分子が開発されています（表1）．**光応答性高分子**としては，側鎖にアゾベンゼン，スピロピランなどのフォトクロミック化合物を導入した高分子が開発されています．フォトクロミック化合物は，光照射によって分子構造が可逆的に変化し，それに伴い材料の物性が変化します．また，高分子電解質からなるゲルに電圧を与えると，ゲル内のカウンターイオンが移動して浸透圧差が生じ，ゲル内の伸縮度に偏りが生じることで変形します．このような**電気刺激**に応答したゲルの変形・運動を利用してマイクロカテーテル，マイクロポンプなどの小型ソフトアクチュエーターとしての応用が試みられています．さらに，高分子ゲル，あるいはエラストマーに磁性粒子を分散させることで**磁場応答性**を与えることが可能です．このような磁性ゲルに対して，不均一磁場を与えると棒磁石に金属が引き寄せられる現象と同様にゲルの伸縮運動が見られます．また，均一磁場下では，ゲル内の磁性粒子が磁場に磁力線に沿って配列し鎖構造を形成することで硬くなるといった可変粘弾性を示すことが知られています．　　〔福井〕

参考　宮田隆志監修「刺激応答性高分子ハンドブック」エヌ・ティー・エス（2018）

表1　刺激応答性高分子の物性変化と機能化の例

高　分　子	刺　　激 （環境変化）	物 性 変 化	機　　　　能
LCST 型高分子 （PNIPAm）	温　度	親水性⇔疎水性	物質の吸着・脱着を利用した分離・回収
LCST 型高分子 （PLGA-PEG-PLGA）	温　度	ゾル⇔ゲル	医療用インジェクタブルゲル
UCST 型高分子 （ウレイド高分子）	温　度	溶解⇔不溶	生体分子の沈殿分離
ポリアクリル酸	pH，イオン	膨潤⇔収縮	生体内 pH 変化を利用した薬剤放出制御，pH 微環境変化の検出
ヒドラゾン結合を 有する高分子	pH	結合⇔解離	

3.22　電気的特性

　通常，有機物は s 結合でつながっているため，電子は局在化していて自由には動けません．そのため，ほとんどの高分子が**絶縁性**であり（図1），電線の被覆材などに用いることができます．しかし，高分子は電場の中に置かれると，主に電子分極と双極子分極によって，電気エネルギーを蓄積するようになります（**誘電性**）．この分極のしやすさを表すのが**誘電率**（比誘電率）です．PE のような**無極性高分子**では電子分極のみで誘電率は低くなります．一方，PET のような**極性高分子**では電子分極に加えて双極子分極が働くため，高い誘電率を示します．次に，電場強度を正弦的に変化させると，高周波領域では高分子の粘性のために双極子の配向が追随できなくなって，誘電率は低下します．場合によっては，エネルギーを吸収して発熱することもあります．そのため，高周波の電力ケーブルには無極性の PE が使われています．ポリテトラフルオロエチレン（PTFE）やポリフッ化ビニリデン（PVDF）は H と F の電気陰性度の差から F 側に電子が偏っているため，**双極子**をもっています．しかし，PTFE は対称性があるため，全体として双極子が相殺されて誘電率は低くなります．一方，非対称性のPVDF の場合は，延伸して高電場を印加する（**ポーリング処理**）と，分子鎖が回転して双極子が電場に平行に配向するようになります（**強誘電性**）．電場を取り去っても配向は残り，膜に自発分極が生じます（**エレクトレット**）．これに圧力をかけると分子配向に歪みが生じて電流が流れるようになります（**圧電性**）．このような高分子は，圧力センサー，ウェアラブルデバイス，振動発電素子などに用いられています．

　高分子の中には**導電性**を示すものがあります．どの程度電気を通しやすいかを表す値として**導電率**（電気伝導度）があります．導電性高分子には自由に移動で

図1　物質の電気的性質（高分子を中心にした）

きる電子を有していることに加えて，ドーピングによって新たなエネルギー準位を形成することが必要です．PAやポリチオフェンのようなπ電子共役系高分子では，π電子が主鎖に沿って広がっています（**非局在π結合**）．主鎖が長くなってくると，**価電子帯**と**導電帯**に分かれるようになり，高分子は絶縁体から**半導体**に変わってきます．そして，ヨウ素などをドーピングすることによって，高分子に過剰電子や**正孔**（ホール）が形成されて電気が流れるようになります（**電子伝導性**）．ポリ（4-スチレンスルホン酸）をドープしたポリ（3,4-エチレンジオキシチオフェン）（PEDOT/PSS）はプリンテッドエレクトロニクスへの応用が期待されています．もう1つの導電性高分子として，**イオン伝導性**を示す高分子固体電解質（ゴム状態あるいはゲル状態）があります．この場合は，電場印加によって生じたイオンが，高分子中を透過することで電気が流れます．イオンの移動度は媒体の粘性に支配されるため，ポリエチレンオキサイド（PEO）といった，ガラス転移温度（T_g）の低い高分子が用いられます．PEOは誘電率が高いため，溶解させたリチウム塩はイオン解離し，電場を印加すると高分子中を移動するようになります．このとき，リチウムイオンはPEOの酸素とイオン-双極子相互作用を保ちながら，PEOの局所的運動によって移動すると考えられています．**リチウムイオン二次電池**では，液体電解質の液漏れを防ぐために，リチウムイオンの移動媒体としてイオン伝導性高分子が利用されています．また，**燃料電池**ではプロトン導電性高分子が媒体として用いられています．例えば，ペルフルオロカーボン（**ナフィオン**）（図2）膜ではスルホン酸基のクラスターがチャネルを作ってプロトンのみを透過すると考えられています．最近は，耐熱性を高めるために，ポリエーテルエーテルケトン（PEEK）のような芳香族系高分子にスルホン酸を導入した膜の開発が行われています．〔藤本〕

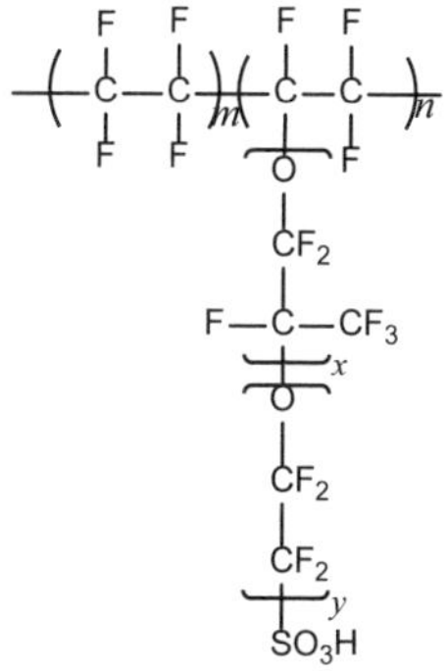

図2 ナフィオン

参考 戒能俊邦，菅野了次「材料科学」東京化学同人（2008）

3.23　熱伝導性・蓄熱性

　みなさんが使用しているノート型パソコンやスマートフォンのように，エレクトロニクス機器はより高集積・高出力化および小型化が進んでいます．また，ハイブリッド車や燃料電池車への移行が進み，高電流が流れるところでの熱の管理（放熱）のために，高熱伝導高分子材料の開発が急務となっています．高分子物質は一般に絶縁体であり，熱の伝播を担うフォノン（音波）が散乱を受けやすく，無機物質に比べると熱伝導率が小さい材料です（図1）．現在，剛直鎖導入による高分子鎖の配列制御や Al_2O_3 を高充填させたハイブリッド化・界面制御が行われています．

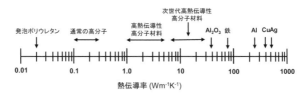

図1　各種材料の熱伝導率

　結晶性高分子は融解（熱を放出）-結晶化（熱を蓄積）できるので潜熱蓄熱材料として利用できます．ポリエチレンワックスなど長鎖アルキル基の結晶-融解を利用した蓄熱材料が開発されています．融点以上で流動化するためカプセル化されています．一方，側鎖に長いアルキル基を有する高分子の結晶-融解プロセスと融点以上でも流動しない蓄熱材も開発されており，省エネルギーなどの環境対策に利用できます．

　化石燃料のもつエネルギーのうち，約半分は低品位の廃熱となり未使用であるといわれています．もし未利用の熱エネルギーを電気エネルギーに変換できれば，エネルギーの有効活用ができます．熱電変換技術とは熱エネルギーを電気エネルギーに変換する技術（ゼーベック効果）であり，その逆に電気エネルギーを熱エネルギーに変換する技術（ペルティエ効果）です．導電性高分子を用いた熱電変換高分子の研究がなされています．　　　　　　　　　　　　　　　〔川口〕

　参考　竹澤由高監修「高熱伝導性コンポジット材料（普及版）」シーエムシー出版（2016）
　　　　陶　昇，高分子，45, 5, 321-325（1996）

3.24 濡れ性・接着性・付着性

異なる物体が接する境界を**界面**といいます．高分子上に水を垂らすと，水は広がり（**濡れ**），水滴となります．このとき，水滴面と固体面が接する点で，液面に引いた接線と固体表面のなす角 θ を**接触角**といいます（図1）．接触角が小さい表面は濡れやす

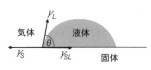

図1　界面張力と液滴の接触角

く（**親水性**），接触角が大きい表面は濡れにくい（**疎水性**）といったように，表面特性を定量的に表すために用いられます．固体と液体の各**表面自由エネルギー**（γ_S と γ_L）および固-液間の**界面自由エネルギー**（γ_{SL}）には $\gamma_S = \gamma_{SL} + \gamma_L \cos\theta$ の関係が成り立ちます（Young の式）．濡れ性は微細な凹凸構造によっても変化します．凹凸によって実表面積が増大し，接触角は強調されます（**Wenzel 理論**）．また，凹部が深く液体が浸入できない場合は，接触角は増大し液体を弾くようになります（**Cassie-Baxter 理論**）．濡れは，固体間の**接着**にも深く関わっています．固体表面に接着剤（液体）が濡れ広がり，微細な隙間を満たすように隅々まで行き渡ることで強固な接着が達成されます．固体表面に物質が強く引き付けられ，濃度が周囲より増加する現象を**吸着**といいます．低分子とは異なり，高分子は多点で吸着するため脱着が起こりづらく，吸着平衡が吸着側に偏っています（図2）．この高分子吸着を利用して，コロイドの分散・凝集を制御することが可能です（図3）．コロイド一つ一つを覆った場合は，ループ部分の斥力により分散状態が維持されますが，複数のコロイド間を橋掛けるように吸着させた場合は，凝集が起こります．この効果を利用して，水中の汚泥（コロイド）を凝集・沈殿させて，回収することで，下水処理など水質浄化に用いられています．　　　　〔福井〕

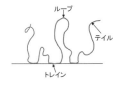

図2　鎖状高分子の吸着形態

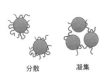

図3　高分子吸着によるコロイドの分散と凝集

参考　川口正美「高分子の界面・コロイド科学」コロナ社（1999）

3.25 表面自由エネルギー

　3.24 節で述べたすべての界面（表面）現象は，表面自由エネルギーが由来となっています．液体と固体のような凝縮相を形成する分子や原子間には互いに引力（分子間力）が働いています．例えば，水分子は最大 4 個の水素結合を結ぶことが可能であり，その結合エネルギー分だけ安定化しています．一方，表面に存在する水分子は空気側とは水素結合を結ぶことができません．その分だけ内部の水分子とは異なるエネルギー状態となります．この表面における過剰分のエネルギーを単位面積当たりで表したものを**表面自由エネルギー**（$J\,m^{-2}$）といいます．これは，単位長さ当たりに働く力として**表面張力**（$N\,m^{-1}$）と表すことができます．一般的に，物体を構成する分子に働く分子間力が大きいほど，表面自由エネルギーは高くなります．例えば，ポリビニルアルコールは，ヒドロキシ基間の水素結合に由来して高い値（$55\,mJ\,m^{-2}$）を示しますが，低極性のポリテトラフルオロエチレンは，低い表面自由エネルギー（$22\,mJ\,m^{-2}$）を呈しています．固体（γ_S）に液体（γ_L）が付着して界面（γ_{SL}）が生じる過程を自由エネルギーで表現すると，$\gamma_{SL}=\gamma_S+\gamma_L-w_{SL}$ と表すことができます．この際，$-w_{SL}$ は，界面における固体分子と液体分子間に働く分子間力に基づく安定化エネルギーであり，w_{SL} が大きいほど γ_{SL} が小さくなり，固体と液体の表面自由エネルギーが小さくなって濡れやすくなります．また，w_{SL} は界面を剥離させるために必要な**接着仕事**ととらえることもできます．この式と Young の式から $w_{SL}=\gamma_L(1+\cos\theta)$ が導かれます（Young-Dupre の式）．この式より，固体表面に強固に接着するためには，極性が高く（γ_L 大），表面で濡れ広がる（θ 小）ような液体（接着剤）を選べばよいことがわかります．高分子溶液と考えれば，表面のコーティングやフィルム形成にもこの考え方は適用できます．　　　　　　　　　　〔福井〕

　参考　辻井　薫「超撥水と超親水―その仕組みと応用―」米田出版（2009）

3.26 表面改質

　高分子の表面を改質処理することによって，濡れ性などの表面特性を発現させることができます．**化学的処理**の例として，ポリエチレンテレフタレート（PET）を強アルカリ溶液で加水分解すると，表面に水酸基とカルボキシ基を生成することができます．この方法は簡単ですが，反応が進みすぎるとフィルムの劣化を招いてしまいます．**乾式法**として，紫外線処理，プラズマ処理，コロナ放電照射による処理，火炎処理などの高エネルギー線を表面に照射することが行われています．これらの改質では，高分子表面の共有結合が切断され，酸化によって極性基が導入されます．ポリエチレン（PE）の接着性を向上させるため，バーナーを用いた火炎処理も行われています．複雑な 3 次元構造の高分子材料に対しては，気体であるオゾンによる処理が行われています．以上の方法で注意すべき点は，表面に導入された極性基が内部に潜り込んで，時間とともに減少することです．これによって表面のエネルギー状態は安定化しますが，水濡れ性は低下してしまいます．そこで，X 線やプラズマ照射などによって表面に形成されたパーオキサイドを開始点として重合が行われています（**表面グラフト重合**）．グラフト化された高分子鎖は内部に潜り込むことができません．そのため，グラフト化された高分子の特性が，長期にわたって表面に発現されます．リビングラジカル重合を用いると稠密な高分子ブラシが表面に形成できます．このような表面グラフト化によって，材料の親水性，生体適合性，耐摩耗性，低摩擦性などの表面特性を付与することができます．また，フッ素コートによる撥水化のように，表面に高分子をコーティングすることによって，望みの表面特性を発現させることができます．湿式法として，遠心力を用いて塗布するスピンコート法，浸漬して塗布するディップ法，噴霧によって固着するスプレー法，ロールを介して塗布するロール法などがあります．乾式法では蒸着法やプラズマ重合法が行われています．

　表面を検出するために，赤外分光の全反射測定や X 線光電子分光（XPS）による組成分析，走査型電子顕微鏡（SEM）や原子間力顕微鏡（AFM）による形状観察，収束イオンビームを用いた透過型電子顕微鏡（TEM）による断面観察などの方法があります．分子レベルの構造の観察には X 線や中性子線による反射率の観測が有効です．　　　　　　　　　　　　　　　　　　　　　　　〔小泉〕

参考　岩森　暁「高分子表面加工学」技法堂出版（2005）

3.27 表面，バルク

　高分子は，カテーテル，人工臓器，医薬品など様々な医療用材料に用いられています．これら生体内で利用する材料については，溶血性，アレルギー性，変異原性（発がん性）など毒性を示さないことに加えて，**生体適合性**を示すことが求められます．生体適合性は，主にバルク的観点と界面的観点に分けて考えられています．**バルク的適合性**とは弾性率などの力学的適合および生体組織との形態的適合から考える適合性です．柔らかい組織に人工材料を埋入する際に，その接合部位において応力が集中することを避けることが必要です．そのため，PU やシリコーンなどエラストマーが人工臓器に用いられています．また，人工材料が生体内に埋入されると，血液のような体液や各種組織と直接触れることで，様々な生体防御反応が惹起されます．例えば，免疫反応，血液凝固反応，組織形成などが挙げられます．**界面的適合性**は，このような生体成分と材料との接触に伴う適合に関する特性で，血液適合性，組織適合性などがあります．実際，これらの反応は，アルブミン，凝固因子など様々なタンパク質が材料表面に非特異的に吸着することがきっかけとなって起こります．したがって，タンパク質の吸着と活性化を抑制した非刺激性表面を構築することで，血液中と組織接触時の生体防御反応を抑制することができます（生体適合化）．材料表面にポリエチレングリコール（PEG）のような高含水率溶解鎖をグラフト化することで，**散漫層**形成や排除体積効果によってタンパク質の吸着を抑制することができます．また，細胞自体が生体適合性を示すことをヒントにして，細胞膜の構成成分であるリン脂質類似のポリマーである 2-メタクリロイルオキシエチルホスホリルコリン（MPC）ポリマーが開発されています．材料にコラーゲンなどの接着因子を固定化することによっても生体適合性を付与することができます．このような表面には細胞が付着し，増殖して材料表面を被覆するようになります（組織適合性）．　　　〔福井〕

参考　筏　義人「高分子新素材 One Point-20 医用高分子材料」共立出版（1989）
　　　　石原一彦ら「バイオマテリアルサイエンス」東京化学同人（2003）

第4章　高分子の作製

4.1　高分子を作る

　この章では「高分子を作る」ことについて説明します．高分子を作るにあたっては，以下の3つのアプローチが考えられます．

　①まず，モノマーから重合反応によってポリマーを作るアプローチです．これまでに新しいモノマーが作り出されて，機能をもつ高分子が作られてきました．モノマーから高分子を合成する様式として，連鎖重合と逐次重合が開発されてきました．また，新しい反応によって，重合できなかった化合物から高分子を作ることもできるようになってきました．現在は精密合成という流れの中で鎖長，立体規則性，配列などの制御，特にリビング重合の研究が数多くなされています．一方，自然界には天然高分子が存在します．生体も様々な高分子を作り出しています．これからは，このような自然の高分子合成法に学ぶことが重要になってきています．それについては第5章で紹介したいと思います．

　②次に，高分子を化学反応（高分子反応）によって改良するアプローチです．もともとは天然高分子を有効活用するために行われてきました．つまり，既存の高分子に望みの特性あるいは機能を付与するために，化学反応によって高分子を改良（改質ともいいます）するということです．同じように合成高分子についても，高分子反応によって改質を行うことができます．

　③さらに，高分子をかたちづくり，新しい価値を創造するアプローチです．高分子のかたちとは，溶液，ゲル，粒子，フィルム，膜，ゴム，繊維などであり，これらのかたちを作り出すためにいろいろな作製方法や成形方法が編み出されています．

　第1章では高分子の現在の存在意義を紹介しました．ここが「高分子とはなにか」の出発点となります．この問題意識のもとに，第2章，第3章で学んだ物理化学的な観点から高分子の構造と物性を理解し，その上で機能の向上と創造に向けたデザインを考えてきました．そして，この第4章では，高分子をかたちづくるための化学的アプローチを知ることができます．この章は高分子のモノづくりの基本となります．

〔藤本〕

4.2 モノマーの種類と重合様式

　高分子を合成する手法は，大きく分けて重合反応と高分子反応の2つに分類することができます．一般的には，1種類または数種類の単量体（モノマー）が共有結合によりいくつもつながることで高分子を生成します．この反応のことを重合反応と呼びます．また，高分子の性質は，用いたモノマーの化学構造だけでなく，モノマーどうしが結合する際の結合様式やモノマーがつながった数（**重合度**）によっても大きく左右されます．

　高分子を生成する重合反応は，重合機構，反応機構，活性種によって分類することができます（図1）．まず，2つのモノマー間に化学結合を形成させるための重合機構には，（A）2つの反応性官能基をもつモノマーが互いに反応して高分子となる**逐次重合**と，（B）2つの分子間に新しい結合の生成と新しい活性点の生成が同時に起こり次々と反応して高分子となる**連鎖重合**があります（図2）．次に，（A）の逐次重合は反応機構により，（A-1）結合生成時に水などの低分子が脱離して高分子を生成する反応を**重縮合**と呼び，（A-2）低分子を脱離することなくモノマーどうしが結合して高分子を生成する反応を**重付加**と呼び，（A-3）付加反応と縮合反応の両方を繰り返して高分子を生成する反応を**付加縮合**と呼びます．一方，（B）の連鎖重合は反応機構により，（B-1）炭素-炭素二重結合をもつビニル化合物が反応する**付加重合**と（B-2）環状構造のモノマーが開環しながら反応する**開環重合**に分類されます．また，（B-1）の付加重合や（B-2）の開環重合は，重合反応における高分子鎖末端の化学種である活性種の種類によって，ラジカル重合，カチオン重合，アニオン重合，配位重合に分けることができます．

　付加重合性を示すモノマーとしては，ビニル基を有するビニル化合物が代表的

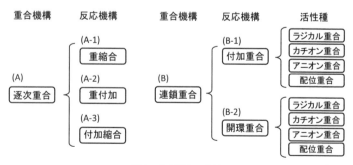

図1　重合反応の分類

A) 逐次重合

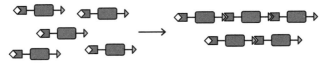

B) 連鎖重合

1) 付加重合   2) 開環重合

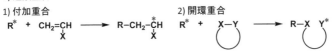

＊;活性種（ラジカル、カチオン、アニオン、金属配位）

図2　（A）逐次重合の模式図，（B）連鎖重合の（1）付加重合および（2）開環重合の模式図

ですが，ビニリデン化合物，ビニレン化合物，環状オレフィン化合物，および共役ジエン化合物も同様の重合が可能であることから，これらの化合物をまとめて**ビニルモノマー**と呼びます．ビニルモノマーは置換基の性質によって，重合特性が大きく異なります．置換基として電子供与性基（アルコキシ基やアミノ基，複数のアルキル基など）を有するモノマーは，ビニル基の電子密度が増加するため，カチオン種を安定化します．その結果，カチオン重合性が高くなります．一方，電子吸引性基（シアノ基やカルボニル基など）を有するモノマーは，ビニル基の電子密度が減少し，アニオン種を安定化するため，アニオン重合性が高くなります．

〔箕田・本柳〕

4.3 逐次重合と連鎖重合の重合挙動

　ポリマーを合成するための重合反応は，有機化学反応の一部ですが，適用可能な有機反応の必要条件は，定量的に目的化合物を生成する有機反応であることが挙げられます．例えば，重合度100程度のポリマーを合成するためには，ポリマー鎖の生長反応が100回以上繰り返されることになります．この素反応一段階の収率が99.9%の場合，100回繰り返された際の全体収率は0.999^{100}で求めることができ，おおよそ90%の全体収率で目的のポリマーを得ることができます．一方，素反応の収率がわずかに低下し99%になると，全体収率は0.99^{100}となり，全体収率が37%にまで低下します．このため重合反応は，副反応を起こさない非常に高効率の有機化学反応であることが必要となります．

　連鎖重合と逐次重合では，重合様式が異なるため重合挙動も異なり，両重合における**反応率**（重合性官能基が反応した割合）と分子量の関係は大きく違ってきます（図1）．連鎖重合（特に付加重合）では，重合反応の開始とともに高分子量のポリマーが生成し，重合性官能基の反応率が上昇しても生成するポリマーの分子量はほとんど変化しません．また，反応率はモノマーの消費率（**転化率**）と一致し，モノマー濃度は順次減少します．一方，逐次重合では，モノマー濃度は速やかに減少しますが，生成物の分子量は小さいままであり，高い反応率（>98%）と

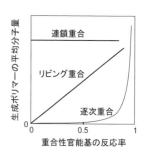

図1　様々な重合様式による重合反応における重合性官能基の反応率と生成ポリマーの平均分子量との関係

なってはじめて高分子量のポリマーが生成します．これらの重合挙動とは異なる重合があり，生成ポリマーの分子量が反応率に比例して増大し，狭い分子量分布のポリマーとなる**リビング重合**です．

　二官能性モノマーの重縮合反応における，**反応度**（p；反応率＝$p \times 100[\%]$）と生成ポリマーの**数平均重合度**（P_n）について考えてみます．重合前のモノマーのモル数をN_0，反応時間t時間後の全モル数（未反応モノマーや生成したポリマーなどすべての化合物のモル数）をNとすると，t時間で$N_0 - N$モルだけ反応し，ポリマーを生成したことになります．したがって，反応度pは次の式で表されます．

$$p = \frac{N_0 - N}{N_0} \qquad (1)$$

すなわち,

$$N = N_0(1 - p) \qquad (2)$$

ここで数平均重合度 P_n は,重合前のモノマーモル数を反応時間 t 時間後の全モル数で割った値であり,反応度 p と以下の関係が得られます.

$$P_n = \frac{N_0}{N} = \frac{1}{1 - p} \qquad (3)$$

反応度 p の値が 0.99 以上(反応率が 99% 以上)になって,やっと重合度 P_n が 100 以上になり,重合度 1000 のポリマーを得るためには 99.9% の官能基が反応する必要があります.このことは,重縮合などの逐次重合において高い分子量のポリマーを得るのが困難であることを表しており,高純度のモノマーを高反応度まで重合することではじめて分子量の大きいポリマーを合成することができます.

連鎖重合の場合,生長末端種の活性が高いため,ポリマー鎖の生長反応速度が大きく,一方,活性種が不安定であることが多いため,停止反応が起こりやすくなっています.そのため,生成ポリマーの重合度はモノマー濃度に依存し,重合の初期から高分子量のポリマーが生成します.

〔箕田・本柳〕

4.4 ラジカル重合

　連鎖反応であるラジカル重合は，①開始反応，②生長反応，③停止反応，④連鎖移動反応の4つの素反応から成り立っています（図1）．

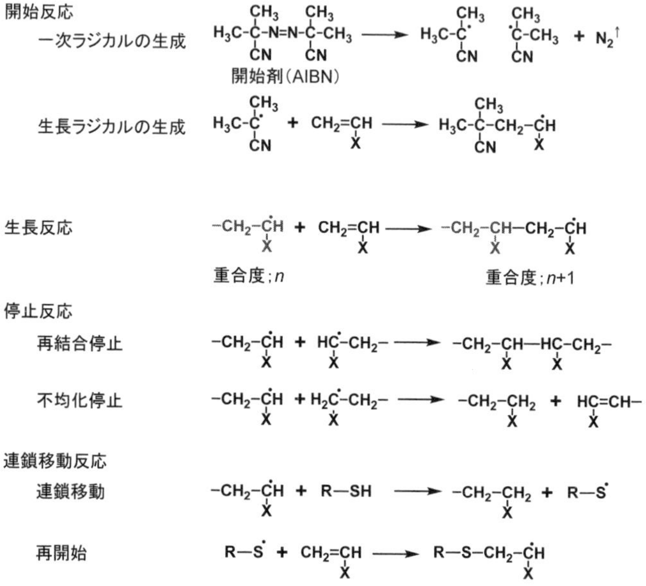

図1　ラジカル重合における4つの素反応

　開始反応は，熱，光および放射線などによって開始剤からラジカル種（一次ラジカル）が生成する段階（図2）と，生成した一次ラジカルがモノマーに付加する段階の2段階から構成されています．その際，生成したラジカル種の活性が高すぎるとモノマーと反応する前に失活してしまい，逆に安定すぎるとモノマーと反応しないので，重合反応に用いるには適しません．そのため，適切な寿命をもったラジカル種を選択する必要があります．

　生長反応は，開始反応で生成したラジカル種がモノマーと連続的に反応することでポリマー鎖が形成する反応となります．その際，生長反応の前後ではラジカル種の濃度は変化しません．

　停止反応は，ポリマー鎖末端のラジカル種が失活する反応となり，ポリマー鎖末端のラジカル種どうしが反応する二分子停止反応となります．こちらはカチオ

ン重合やアニオン重合と異なる
ラジカル重合の特徴の１つとな
ります．停止反応には再結合停
止と不均化停止があります．**再
結合停止**は，ポリマー鎖末端の
ラジカル種どうしに新たな結合
が形成され，停止反応前の２つ
のポリマー分子の分子量を足し
合わせた分子量のポリマーが生
成します．また，**不均化停止**は，
一方のポリマー末端ラジカル種

熱ラジカル重合開始剤

$$H_3C-\underset{\underset{CN}{|}}{\overset{\overset{CH_3}{|}}{C}}-N=N-\underset{\underset{CN}{|}}{\overset{\overset{CH_3}{|}}{C}}-CH_3 \longrightarrow H_3C-\underset{\underset{CN}{|}}{\overset{\overset{CH_3}{|}}{C^\cdot}} \quad {}^\cdot\underset{\underset{CN}{|}}{\overset{\overset{CH_3}{|}}{C}}-CH_3 + N_2 \uparrow$$

2,2'-アゾビスイソブチロニトリル
（AIBN）

過酸化ベンゾイル
（BPO）

レドックス開始剤

$$H_2O_2 + Fe^{2+} \longrightarrow HO^\cdot + OH^- + Fe^{3+}$$
　　　　酸化剤　　還元剤

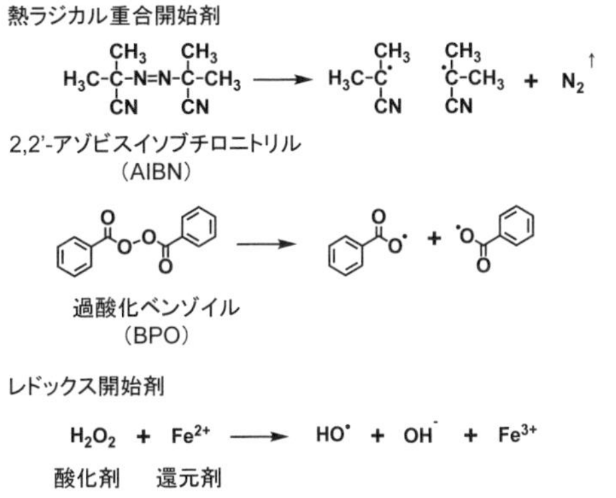

図2　代表的なラジカル重合開始剤の一次ラジカル発生機構

からもう一方のポリマー末端ラジカル種への水素原子の移動を伴う停止反応とな
ります．ポリマー末端ラジカル種の安定性や立体障害によって，これらの反応の
起こりやすさが変わります．

　　連鎖移動反応は，ポリマー末端のラジカルが他の化学種に移動し，移動で生じ
たラジカル種から再び重合が開始する反応となります．移動する分子として，未
反応のモノマー，未反応の開始剤，溶媒，生成したポリマー，不純物などがあり
ます．その際，ラジカルが消滅する停止反応とは異なり，ラジカル種の濃度は変
化しません．

　　ポリマー合成においてラジカル重合は重要な方法であり，実験室では数グラム
スケールで合成され，工場では数キログラムあるいはそれ以上のスケールで生産
されています．その際，重合の条件によって，生成ポリマーの形状が大きく異な
るため，目的にあわせた重合方法を選択する必要があります．主な重合方法には，
溶液重合，塊状重合（バルク重合），懸濁重合，分散重合，乳化重合があります
（付録表2）.　　　　　　　　　　　　　　　　　　　　　　　　　〔箕田・本柳〕

4.5　アニオン重合・カチオン重合・配位重合

　アニオン重合とカチオン重合がラジカル重合と異なる点は、ビニル化合物の付加重合で生長末端の活性種がアニオン種やカチオン種となっており、電荷をもっています（図1）。そのため、生長末端どうしの電気的反発により二分子停止反応が起こりにくいです。また、開始剤から生じた対イオンが生長種イオンの近傍に存在している点も特徴となっており、対イオンの種類や用いる溶媒の極性によってイオン対の状態を変えることにより生長反応などの素反応を制御できます。

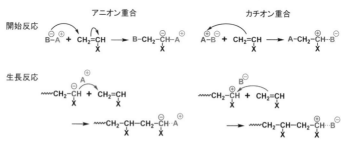

図1　イオン重合における開始反応と生長反応

　アニオン重合は、ビニル基の電子密度が低いモノマーほど起こりやすく、開始剤とモノマーを適切に選択する必要があります。図2に開始剤とモノマーの活性の大きさでグループ分けした表を示します。開始剤は上のグループほど活性が大きく、モノマーは下のグループほど反応性が高くなっています。例えば、反応性の小さいAグループのモノマーでは、活性が最も大きいaグループの開始剤によってのみ重合します。一方、1,1-ジシアノエテン（シアン化ビニリデン）のように反応性の大きいモノマーは、水のように活性が小さい開始剤でも重合します。一般に生長末端のアニオン種は安定であり、二分子停止

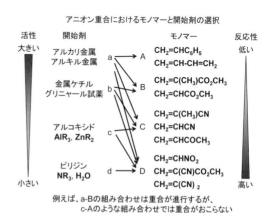

図2　アニオン重合における開始剤の活性と適用可能なモノマーの反応性

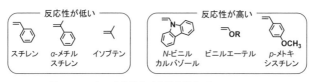

図3　カチオン重合性を示す代表的なビニルモノマー

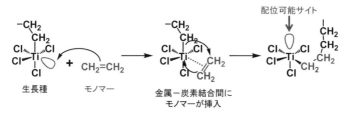

図4　エチレンの配位重合

反応や対イオンの付加による停止反応も起こりにくいです．しかし，求電子性化合物（水やアルコールの活性水素，カルボニル基など）と容易に反応するので，ポリマー末端に種々の官能基を導入することができます．

　カチオン重合は，ビニル基の電子密度が高いモノマーほど起こりやすく，代表的なモノマーを図3に示します．カチオン重合の開始剤は，2つに分類することができます．1つは，HCl や H_2SO_4, $HClO_4$ などのプロトン酸であり，もう1つは，水やアルコールなどのカチオン源と $AlCl_3$ や BF_3 などのルイス酸との組み合わせになります．カチオン重合はアニオン重合と比較して，対イオンと再結合することによる停止反応やプロトンの移動反応，炭素カチオンの転移反応が容易に起こります．

　ポリエチレンやポリプロピレンの代表的な製造方法である配位重合では，配位不飽和な遷移金属触媒にモノマーが配位することで活性化し，遷移金属と炭素間にモノマーが挿入することでポリマー鎖が生長していきます（図4）．Ziegler とNatta によって見出されたこのような重合触媒（例として，四塩化チタンとトリエチルアルミニウムの組み合わせ）を **Ziegler-Natta 触媒**と呼びます．ラジカル重合で得られるポリエチレンは枝分かれの多い低密度ポリエチレンであるのに対し，配位重合では直鎖状の分岐が少ないポリマーが得られ，結晶性が良く，比重や融点が高い高密度ポリエチレンを得ることができます．　　　〔箕田・本柳〕

　参考　鶴田禎二「化学増刊 7 高分子の合成」化学同人（1961）

4.6　最新の連鎖重合

メタセシス重合

　メタセシス反応とは，C=C 結合の組替え反応であり，金属カルベン錯体を触媒として用い，C=C 結合部位と [2+2] 付加環化反応することで生成するメタラシクロブタン環を中間体として経る平衡反応のことです．このメタセシス反応を利用してポリマーを得る方法を**メタセシス重合**と呼びます（図1）．

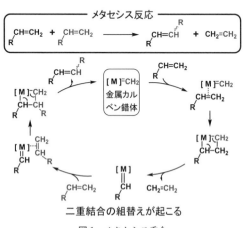

図1　メタセシス重合

　メタセシス反応を環状オレフィンに適用すると，C=C 結合を主鎖に含むポリマーが得られます．この重合を**開環メタセシス重合**と呼び，環ひずみをもち立体反発が少ないモノマーに適用することができます（図2）．特に重合活性の高い双環構造のノルボルネンは，高い透明性や防振性などを示すことから産業分野で利用されており，また，形状記憶ポリマーとして用いることができます．

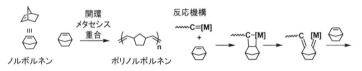

図2　ノルボルネンの開環メタセシス重合

　Ziegler–Natta 触媒はアルキン類の重合にも適用可能であり，C=C 結合を主鎖に含むポリマーが得られます．ガス状のアセチレンを高濃度の開始剤溶液と接触

させると，界面で重合が起こります．その結果，銀色の金属光沢を示すポリアセチレンが生じ，導電性高分子の発見につながりました．モリブデンやタングステンからなる金属カルベン錯体を用いることで，アセチレン誘導体のアルキンメタセシス重合が進行し，立体規則性の高いポリアセチレン誘導体を合成することができます．

メタロセン触媒

ポリエチレンやポリプロピレンなどのポリオレフィン合成は，Ziegler-Natta触媒の開発から進展し，担持型の固体触媒を用いた不均一な重合系として，活性の高い触媒による触媒残渣の分離除去工程の省略や高い立体規則性の実現などが可能となっています．一方，1970年代後半に，メタロセン化合物とメチルアルミノキサンからなる触媒（Kaminsky触媒）がオレフィン重合に高活性を示すことが発見され，これまでのZiegler-Natta触媒とは異なり均一系で重合が進行します（図3）．また，固体触媒では重合が困難であったシクロオレフィンや共役ジエン，極性モノマーなどの特殊なオレフィンの重合や共重合も可能になりました．この重合では，触媒の前駆体であるメタロセン化合物のメチルアルミノキサンによるメチル化が進行し，さらにメチルアルミノキサンがメチル基を引き抜くことで金属原子上に配位可能な箇所をもつ重合活性種が生成します．そこにオレフィンが配位し，炭素-金属結合間に挿入されることで，生長反応が進行します．一般に**前周期遷移金属錯体**が用いられ，その中でジルコニウム錯体が高活性を示すことがよく知られています．近年では非メタロセン系の触媒や**後周期遷移金属錯体**触媒などの開発も進んでいます．　　　　　　　　　　　　〔箕田・本柳〕

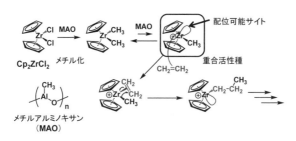

図3　メタロセン触媒によるエチレンの配位重合

4.7 共重合

　共重合とは，2種あるいはそれ以上のモノマーを用いて重合することであり，1つのポリマー鎖中に異なったモノマー単位が存在する共重合体を得ることができます．これに対し，単一のモノマーから得られるポリマーを単独重合体と呼ぶことがあります．2種類のモノマーから生成する共重合体は，原料モノマーの配列により，4種類に分類できます（図1）．①2種類のモノマー単位がランダムに配列した**ランダム共重合体**，②2種類のモノマー単位が交互に配列した**交互共重合体**，③それぞれのモノマー単位が連続したブロックを形成して配列した**ブロック共重合体**，④一方のモノマーからなるポリマー鎖に対しもう一方のモノマーからなるポリマー鎖が側鎖を形成している**グラフト共重合体**です．

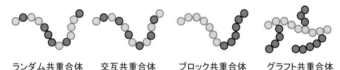

| ランダム共重合体 | 交互共重合体 | ブロック共重合体 | グラフト共重合体 |

図1　2種類のモノマーからなる共重合体の分類

　共重合体は，対応する2種の単独重合体の物理的な混合物とは大きく異なる性質を示すため，単独重合では得られない優れた性質のポリマー材料が合成できます．共重合は，モノマーどうしの競争的な重合反応であるため，モノマーの構造と相対的な反応性の関係について多くの研究が行われています．例えば，モノマー M_1 と M_2 を共重合する際に M_1 の方が重合しやすい場合，共重合体中には M_1 が多く含まれることになります．このことは逆に，共重合体の組成を明らかにすることで，原料モノマーの反応性を理解することができます．

　モノマー M_1 と M_2 の共重合反応では，以下に示すように生長末端が同じモノマーと反応する場合ともう一方のモノマーと反応する場合の4種類の生長反応から成り立っています（図2）．それぞれの速度定数を k_{11}, k_{12}, k_{21}, k_{22} とします．

$$\sim\!\!\sim\!\!M_1\!\cdot\ +\ M_1\ \xrightarrow{\ k_{11}\ }\ \sim\!\!\sim\!\!M_1\!\cdot$$

$$\sim\!\!\sim\!\!M_1\!\cdot\ +\ M_2\ \xrightarrow{\ k_{12}\ }\ \sim\!\!\sim\!\!M_2\!\cdot$$

$$\sim\!\!\sim\!\!M_2\!\cdot\ +\ M_1\ \xrightarrow{\ k_{21}\ }\ \sim\!\!\sim\!\!M_1\!\cdot$$

$$\sim\!\!\sim\!\!M_2\!\cdot\ +\ M_2\ \xrightarrow{\ k_{22}\ }\ \sim\!\!\sim\!\!M_2\!\cdot$$

図2　2種類のモノマー M_1, M_2 の共重合反応における生長反応

　この共重合反応において，2つのモノマーの消費速度（$-d[M_1]/dt$, $-d[M_2]/dt$）はそれぞれ，以下のように示すことができます．

$$\frac{-d[M_1]}{dt} = k_{11}[M_1^\cdot][M_1] + k_{21}[M_2^\cdot][M_1] \tag{1}$$

$$\frac{-d[M_2]}{dt} = k_{12}[M_1^\cdot][M_2] + k_{22}[M_2^\cdot][M_2] \tag{2}$$

式（1）の両辺を式（2）の両辺で割ると，以下の式を導くことができます．

$$\frac{d[M_1]}{d[M_2]} = \frac{k_{11}[M_1^\cdot][M_1] + k_{21}[M_2^\cdot][M_1]}{k_{12}[M_1^\cdot][M_2] + k_{22}[M_2^\cdot][M_2]} \tag{3}$$

一方，ラジカル種は非常に不安定なため，反応系中に含まれるラジカル種の濃度を一定（定常状態）であると仮定する（定常状態近似）と，ラジカル種の濃度変化はゼロとすることができ，以下の式が成り立ちます．

$$\frac{-d[M_1^\cdot]}{dt} = k_{12}[M_1^\cdot][M_2] + k_{21}[M_2^\cdot][M_1] = 0 \tag{4}$$

こちらの式（4）を用いて式（3）の $[M_1^\cdot]$ および $[M_2^\cdot]$ を消去すると，以下の式に導くことができます．

$$\frac{d[M_1]}{d[M_2]} = \frac{[M_1]}{[M_2]} \frac{(k_{11}/k_{12})[M_1] + [M_2]}{\{[M_1] + (k_{22}/k_{21})[M_2]\}} = \frac{[M_1]}{[M_2]} \frac{r_1[M_1] + [M_2]}{[M_1] + r_2[M_2]} \tag{5}$$

式（5）［メイヨー・ルイス式］は，$r_1 = k_{11}/k_{12}$, $r_2 = k_{22}/k_{21}$ とおいており，これらは**モノマー反応性比**と呼ばれ，2種類のモノマーの相対反応性を示す値となります．モノマー反応性比と r_1, r_2 共重合体組成について，代表的な共重合組成曲線を図3に示します．まず，いずれの生長ラジカル種に対しても M_1 と M_2 のモノマーが同等の反応性を示す場合は，$r_1 = 1$, $r_2 = 1$ となり，モノマーの仕込み比（$[M_1]/[M_2]$）と共重合体中の組成比（$d[M_1]/d[M_2]$）が等しくなります（図3-a）．また，$r_1 > 1$, $r_2 < 1$ の場合，M_1 モノマーが優先的に反応し，M_1 由来の組成が高い共重合体が生成します（図3-b）．$r_1 < 1$, $r_2 < 1$ の場合は，M_1 と M_2 のモノマーが交互に反応しやすくなり，$r_1 = r_2 = 0$ の場合には，交互配列共重合体が得られます（図3-e）．一方，$r_1 > 1$, $r_2 > 1$ の場合では，同一モノマー間での反応が優先されるため，ブロック共重合体が生成することになります．

ここで，式（5）を $F = [M_1]/[M_2]$, $f = d[M_1]/d[M_2]$ とおいて書き直すと以下のようになります．

$$f = \frac{1 + r_1 F}{1 + r_2/F} \iff \frac{F}{f}(f-1) = r_1 \frac{F^2}{f} - r_2 \tag{6}$$

実験的に反応性比 r_1, r_2 を求めるには，様々なモノマーの仕込み比（$F = [M_1]/$

$[M_2]$）によって得られる共重合体の組成比（$f=d[M_1]/d[M_2]$）のデータを得ます．そして，式（6）から F^2/f と $F(f-1)/f$ をプロットすることで得られる直線の勾配と y 切片から r_1, r_2 を算出することができます（Fineman-Ross 法）．

〔箕田・本柳〕

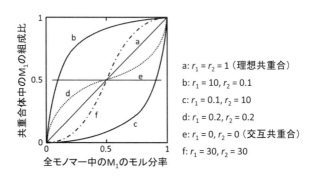

a: $r_1 = r_2 = 1$（理想共重合）
b: $r_1 = 10, r_2 = 0.1$
c: $r_1 = 0.1, r_2 = 10$
d: $r_1 = 0.2, r_2 = 0.2$
e: $r_1 = 0, r_2 = 0$（交互共重合）
f: $r_1 = 30, r_2 = 30$

図3　様々な r_1, r_2 における共重合組成曲線

4.8 共重合体

　2種のモノマーからなる共重合体の中で，それぞれのモノマーが連続したブロックとして連結したブロック共重合体や1種類のモノマーからなるポリマーからもう一方のモノマーからなるポリマーが枝のように伸びているグラフト共重合体は，その特徴的な構造に由来する性質を示し，工業的にも重要なポリマー材料となります．共重合体中でモノマーが連結して形成したブロックはセグメントと呼ばれます．

　異なるポリマーの末端どうしが結合したブロック共重合体は，2成分からなる AB 型ブロック共重合体，ABA 型トリブロック共重合体，3成分からなる ABC 型トリブロック共重合体，$(AB)_n$ 型マルチブロック共重合体などに分類されます．これらはそれぞれのブロックを構成するポリマー由来の性質をあわせもつものもあれば，まったく異なる性質を示すものもあります．連鎖重合を用いてブロック共重合体を効率よく合成する際にリビング重合を用いることが一般的であり，広範なブロック共重合体が合成されています（**逐次添加法**）（図1）．一方，末端反応性ポリマーどうしをカップリング反応させることでブロック共重合体を合成する方法もあります（**カップリング法**）（図2）．片末端反応性ポリマーどうしからは AB 型，片末端反応性ポリマーと両末端反応性ポリマーからは ABA 型，両末端反応性ポリマーどうしからは $(AB)_n$ 型のブロック共重合体が得られます．その際，ポリマー末端どうしを反応させるため，反応効率の高い反応を利用したり，ポリマー末端どうしが近接するように工夫したりする必要があります．

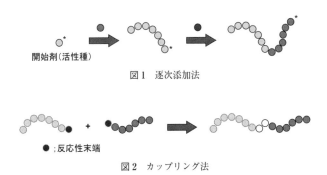

開始剤(活性種)

図1　逐次添加法

●;反応性末端

図2　カップリング法

異なるポリマーが末端で結合しているブロック共重合体と異なり，1つのポリマー（主鎖）に別のポリマーが枝鎖（グラフト鎖）として結合した構造をもつグラフト共重合体は，グラフト鎖の分子量やグラフト密度（主鎖の繰り返し単位に対しグラフト鎖がどのくらい導入しているか）などによって性質が異なります．このようなグラフト共重合体の合成手法は，以下の3つに分類することができます（図5）．

①**Grafting-from** 法：重合開始点を側鎖に導入したポリマー（マクロイニシエーター）を先に合成し，側鎖重合開始点からグラフト鎖を生長させる方法

②**Grafting-through** 法：末端に重合性部位をもつポリマー（マクロモノマー）を先に合成し，末端の重合性部位を重合させることで主鎖を構築する方法

③**Grafting-onto** 法：主鎖，グラフト鎖を別々に合成し，それぞれをカップリング反応により結合形成することで主鎖にグラフト鎖を導入する方法

　特にリビング重合の発展によって，Grafting-from 法および Grafting-through 法を用いた様々なグラフト共重合体を合成することが可能となっています．

〔箕田・本柳〕

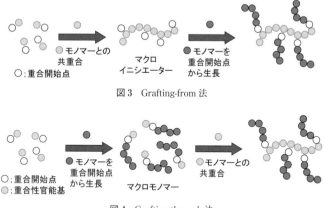

図3　Grafting-from 法

図4　Grafting-through 法

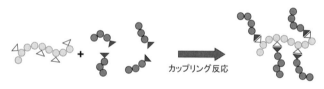

図5　Grafting-onto 法

4.9 重 縮 合

逐次重合におけるモノマーの転化率や生成ポリマーの平均重合度，分子量分布について，生長素反応を基に考えます．逐次重合の一種である重縮合では，すべてのモノマーが重合開始とともにポリマーの生長反応に消費され，生成物もまた反応性官能基を有しているため，これらも反応することでポリマーが生成します．いま，2種類の二官能性モノマー A-R-A, B-R'-B が新たに結合 Y を形成し，脱離成分 X を伴う重縮合の平衡反応を考えます（図1）．

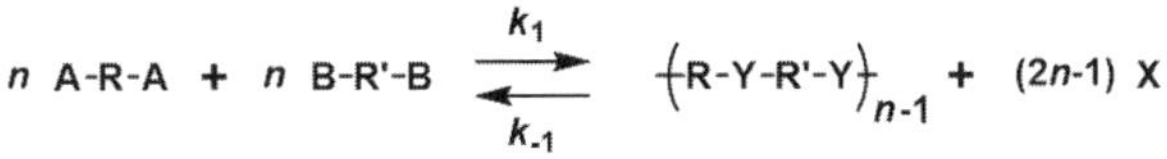

$$n \text{ A-R-A} + n \text{ B-R'-B} \xrightleftharpoons[k_{-1}]{k_1} \{\text{R-Y-R'-Y}\}_{n-1} + (2n\text{-}1) \text{ X}$$

図1　平衡を伴う重縮合反応の化学式

ここで，モノマーの消費速度 V は以下のようになります．

$$V = \frac{-d[\text{A}]}{dt} = \frac{-d[\text{B}]}{dt} = k_1[\text{A}][\text{B}] - k_{-1}[\text{Y}][\text{X}] \tag{1}$$

両官能基の初期濃度 [A] と [B] が等しいとして，それぞれの初期濃度を C_0 とします（[A]＝[B]＝C_0）．時間 t における官能基の反応率を p とすると，未反応の官能基の比率は $1-p$ で表せます．これを式（1）に代入すると，以下のようになります．

$$V = \frac{-d[\text{A}]}{dt} = \frac{-dC_0(1-p)}{dt} = k_1 C_0{}^2(1-p)^2 - k_{-1} C_0 p[\text{X}] \tag{2}$$

重縮合反応の逆反応が無視できる場合や重縮合反応で生成する脱離成分 X が系外に除外される場合を考えると，式（2）の右辺第2項はほぼ0とみなすことができるので，式（2）は式（3）のように簡略化することができます．

$$\frac{-C_0}{C_0{}^2(1-p)^2}d(1-p) = k_1 dt \tag{3}$$

式（3）の両辺を積分すると，以下のようになります．

$$\frac{1}{C_0(1-p)} = k_1 t + C \tag{4}$$

ここで，$t=0$（反応開始時）において $p=0$ であることから，積分定数 C は，$1/C_0$ となるので，式（4）を式変形すると

$$\frac{1}{C_0(1-p)}-\frac{1}{C_0}=k_1t \tag{5}$$

となります．生成ポリマーの数平均重合度 P_n は $1/(1-p)$ となるので，式（5）について数平均重合度 P_n を用いて表すと以下のようになります．

$$P_n=\frac{1}{1-p}=1+C_0k_1t \tag{6}$$

式（6）から重縮合では，生成ポリマーの数平均重合度は時間とともに直線的に増加することになります．

つぎに，逐次重合で得られるポリマーの分子量分布について考えていきます．まず，官能基の反応率 p は，すべての官能基のうち反応した官能基の確率でもあるので，末端に残る未反応の官能基の確率は $1-p$ で表せます．重合度 n のポリマーが生成するためには，縮合反応を $n-1$ 回繰り返す必要があり，その確率は p^{n-1} となります．一方，ポリマー鎖の末端には，未反応の官能基が残っている必要があります．これらを考慮すると，重合度 n のポリマーが生成する確率は，$p^{n-1}(1-p)$ となります．ここで，反応開始におけるモノマーの分子数を N_0 とし，反応率 p における生成分子数を N とすると，重合度 n のポリマーの分子数 N_n は，以下のようになります．

$$N_n=Np^{n-1}(1-p)=N_0p^{n-1}(1-p)^2 \tag{7}$$

ここで，$N=N_0(1-p)$ を用いています．したがって，重合度 n のポリマーのモル分率 x_n は，

$$x_n=\frac{N_n}{N}=p^{n-1}(1-p) \tag{8}$$

となります．この式は，反応率 p における重合度 n のポリマーのモル分率による分布を示しており，任意の反応率 p での重合度分布曲線を求めることができます（図 2a）．この図から，反応率 p が低いほど，低分子量のポリマーが多くなることがわかります．さらに，重量分率 w_n は以下の式で求めることができ，重合度分布曲線と同様に図示することができます（図 2b）．

$$w_n=\frac{nN_n}{N_0}=np^{n-1}(1-p)^2 \tag{9}$$

式（8）と式（9）を用いて，数平均重合度 P_n と重量平均重合度 P_w を以下のように求めることができます．

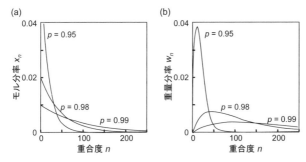

図2 異なる反応率 p における（a）重合度 n とそのモル分率 x_n との関係
（b）重合度とその重量モル分率 w_n との関係

$$P_\mathrm{n}=\sum_{n=1}^{\infty}nx_n=\sum_{n=1}^{\infty}np^{n-1}(1-p)=\frac{1-p}{(1-p)^2}=\frac{1}{1-p} \tag{10}$$

$$P_\mathrm{w}=\sum_{n=1}^{\infty}nw_n=\sum_{n=1}^{\infty}n^2p^{n-1}(1-p)^2=\frac{(1-p)^2(1+p)}{(1-p)^3}=\frac{1+p}{1-p} \tag{11}$$

これらの式から分子量分布（$M_\mathrm{w}/M_\mathrm{n}=P_\mathrm{w}/P_\mathrm{n}$）を求めると，

$$M_\mathrm{w}/M_\mathrm{n}=P_\mathrm{w}/P_\mathrm{n}=1+p \tag{12}$$

となり，反応率が1に近づくにつれて，分子量分布は2に収束することを意味します．このような理論的な分布を最確分布と呼びます．

重縮合の主な重合方法には，溶融重合，溶液重合，界面重合，固相重合があります（付録表3）． 〔箕田・本柳〕

4.10 縮合系高分子

ポリアミド

　世界最初の合成繊維であるナイロン 66 は，ジカルボン酸（アジピン酸）とジアミン（ヘキサメチレンジアミン）が反応しアミド結合を形成することで得られます．このようにアミド結合を形成することで得られるポリマーを**ポリアミド**と呼びます．ナイロンは原料となるジカルボン酸とジアミンの炭素数により，ナイロン 66（図1），ナイロン 610 のようにジアミンの炭素数を先に，ジカルボン酸の炭素数を後に書いて示されます．ポリアミドは，アミド結合部位がポリマー分子間で水素結合を形成するため，広い温度範囲で機械的強度に優れており，工業的に広く用いられています．また，主鎖にベンゼン環をもつポリアミド（ケブラー® やノメックス® など）は，アラミドと呼ばれており（図2），高強度で耐熱性，耐炎性に優れたエンプラとなります．

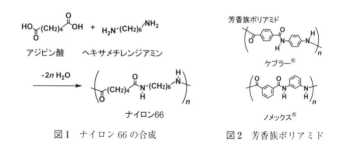

図1　ナイロン 66 の合成　　　　図2　芳香族ポリアミド

ポリエステル

　エステル結合を介してモノマーがつながったポリマーを**ポリエステル**と呼び，その代表例として，ポリエチレンテレフタレートが挙げられます（図3）．ポリエチレンテレフタレートは，ジカルボン酸であるテレフタル酸とジオールであるエチレングリコールから得られ，融点が比較的高く，衣料繊維として大量に生産されるだけでなく，ボトル用の樹脂としても利用されています．芳香族ポリエス

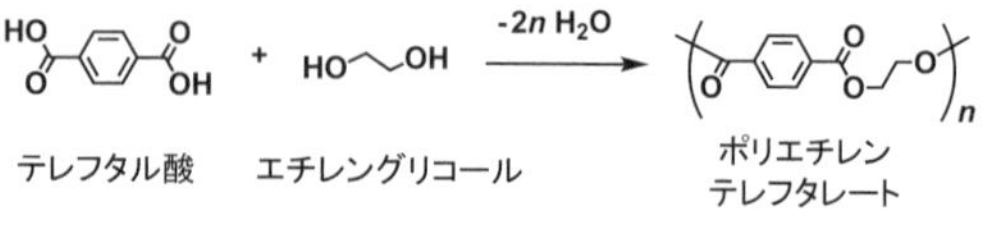

図3　ポリエチレンテレフタレートの合成

テルは，液晶高分子として知られており，溶融状態でポリマーの分子が配向するため，自己強化型のポリマー材料となります．

ポリカーボネート

ポリカーボネートは，モノマーの結合部位がカーボネート基（-OCOO-）からなるポリマーで，透明性や耐衝撃性に優れた重要なエンプラとなります（図4）．代表的な合成例として，ビスフェノールAとホスゲンとの重縮合やビスフェノールAとジフェニルカーボネートとのエステル交換反応があります．

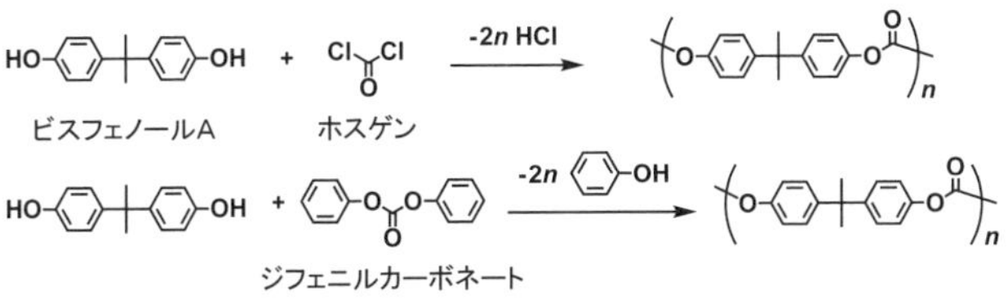

図4　ポリカーボネートの合成

ポリイミド

二官能性カルボン酸無水物と二官能性芳香族アミンとの反応により，耐熱性に優れた**ポリイミド**を合成することができます（図5）．ポリイミド合成は，①カルボン酸無水物と芳香族アミンとの開環重付加反応，②分子内環化脱水反応によるイミド形成反応，これら2段階の反応から成り立っています．1段階目の反応による生成物（ポリアミック酸）は有機溶媒に可溶なポリアミド酸となっており，フィルムなどに成形することができます．この後，固相状態で高温処理することで2段階目の反応が進行し，ポリイミドが得られます．ポリイミドは，優れた耐熱性に加えて，絶縁性を示すことから電子部品に用いられています．〔箕田・本柳〕

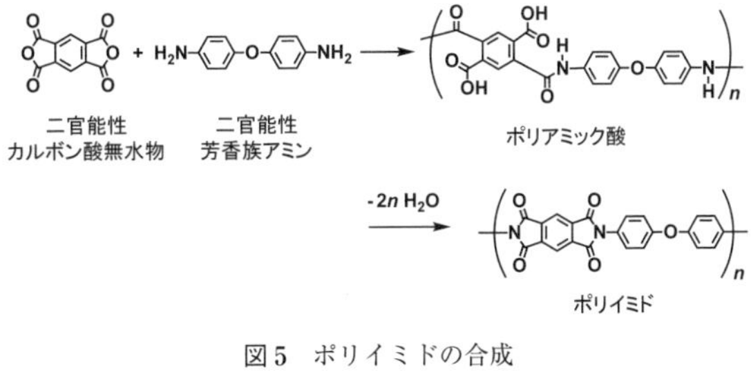

図5　ポリイミドの合成

4.11 重付加・付加縮合

　付加反応とは多重結合が開裂し，原子団との新たな単結合が生成する反応の総称です．重付加では，二官能性のモノマー間でこのような付加反応を繰り返すことによって共有結合が形成され，ポリマーが生長します．したがって，段階的に反応が進行するため，脱離成分がないことを除けば，重縮合と同様に逐次重合の反応様式で考えることができます．

重付加

重付加の代表例として，二官能性イソシアナートと二官能性アルコールの反応による**ポリウレタン**合成が挙げられます（図1）．ここでは，イソシアナートへアルコールが反応しウレタン結合が形成する反応が鍵となっています．重付加と重縮合では，モノマーは異なるが同じポリマーを生じることがあり，生成ポリマーに注目した場合，重付加で得られたか，重縮合で得られたかを区別する必要がなく，一般に縮合系高分子とまとめることもあります．また，重付加反応は重縮合と同様に逐次反応であることから，重縮合で考察した速度論やモノマー反応率と生成ポリマー分子量の関係や分子量分布などについては，そのまま重付加にも適用することができます．重付加では脱離成分が生成しないことから，重合反応後において生成ポリマーのみが得られ，簡便にポリマーを成形加工することができます．

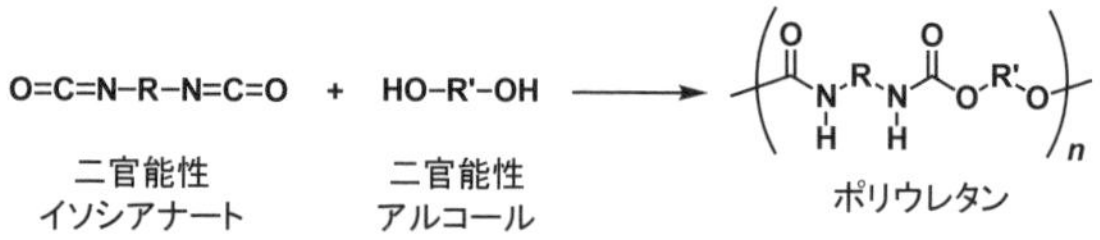

O=C=N–R–N=C=O　+　HO–R'–OH　⟶
二官能性　　　　　　二官能性
イソシアナート　　　アルコール　　　　　　　　　ポリウレタン

図1　ポリウレタンの合成

付加縮合

　ポリマー材料の多くは溶媒に可溶であり，加熱することで軟化・溶融し，冷却することで元の固体状態に戻ります．このような性質を**熱可塑性**と呼んでいます．一方，フェノール樹脂やエポキシ樹脂などは，加熱することでポリマー分子間の結合反応が進行し，ポリマー鎖間にも共有結合が生じることで架橋構造を形成し，三次元網目構造のポリマーとなります．こうして生成するポリマーは不溶不融となり，**熱硬化性樹脂**と呼ばれています．フェノールなどの芳香族化合物や尿素などのアミノ化合物とアルデヒド類との樹脂形成反応では，アルデヒド類の付加反

応（図2）と脱水を伴う縮合反応（図3）からなるため，**付加縮合**と呼ばれています．具体的な反応例を見てみます．フェノール樹脂は，フェノールとホルムアルデヒドの付加縮合によって得られ，植物以外の原料より人工的に合成された世界で初めての樹脂材料となり，発見者の名前にちなんで**ベークライト**とも呼びます．フェノール樹脂は，反応に用いる触媒によって生成物が異なります．酸性触媒を用いた場合では，付加反応より縮合反応が優先して起こるため，比較的分子量が小さいポリマーが得られ，こちらを**ノボラック樹脂**と呼びます．一方，塩基性触媒を用いた場合では，縮合反応より付加反応が優先して起こり，メチロール基を多く有するポリマーが得られ，こちらを**レゾール樹脂**と呼びます．ノボラック樹脂は，そのままでは加熱しても硬化しないため，塩基性硬化剤を添加して成形したのち加熱することで架橋形成反応が起こり，フェノール樹脂となります．レゾール樹脂は，酸性にするかそのまま加熱しても縮合反応による架橋構造が形成します．フェノール以外にもクレゾールやレゾルシノールを用いても同様の樹脂が得られるため，これらの樹脂を含めて**フェノール樹脂**と呼びます．

〔箕田・本柳〕

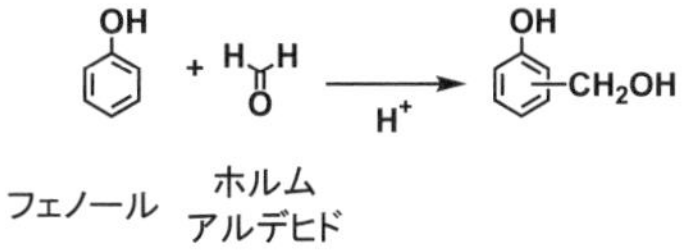

図2　付加反応

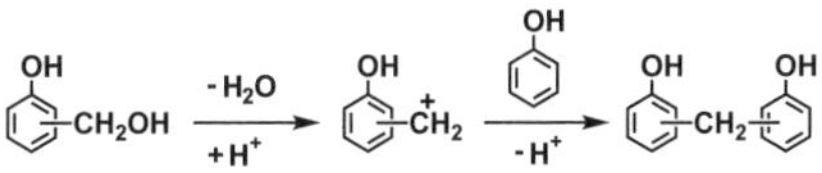

図3　縮合反応

4.12　リビング重合

　ポリマーの側鎖構造だけでなく，分子量や分子量分布，ポリマー鎖の分岐構造や立体構造，さらにポリマー鎖の末端構造など多くの要素によってポリマーの性質が決まってきます．これらの要素を精密に分子設計したポリマーを合成する手法を**リビング重合**と呼びます．一般的には，生長活性種を安定化し，重合条件の最適化により停止反応や連鎖移動反応などの副反応を抑制することで実現可能となり，現在ではほとんどの重合法でリビング重合が可能となっています（図1）．

　リビング重合では，ポリマー生成の4つの素反応のうち開始反応と生長反応のみからなっており，停止反応や連鎖移動反応，転移反応などの副反応が存在しないため，生成したポリマーには次のような特徴があります．①開始・生長反応以外の副反応が起こらないため，開始剤からすべてのポリマーが生長することになり，開始剤由来の構造単位がポリマー鎖の末端に導入されています．②生長ポリマー種の数が一定であるため，モノマーが均等に生長末端種と反応し，モノマー転化率に比例して生成ポリマーの分子量が増大します．③モノマーを消費した後も生長末端種は活性を保持しているため，新たにモノマーを添加すると再び生長反応が進行します．これらに加えて，開始反応の速度が生長反応の速度に対して十分に大きい場合，分子量分布が極めて狭いポリマーが得られます．このようなリビング重合では，開始剤1分子に対して1つのポリマーが生長するため，生成ポリマーの数平均分子量は，開始剤とモノマーの仕込みモル比，モノマー分子量，モノマー転化率から求めることができます．

　スチレンなどのアニオン重合やテトラヒドロフランなどのカチオン開環重合で

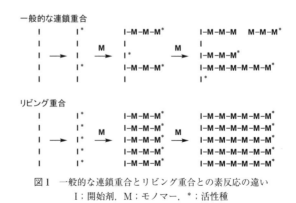

図1　一般的な連鎖重合とリビング重合との素反応の違い
I；開始剤，M；モノマー，*；活性種

は，生長末端種が比較的安定であるため，副反応を抑制する重合条件を設定することで，リビング重合することが可能になりました．その他の重合系では，生長末端種を安定化することが鍵となり，一時的に生長末端種を安定化させた**休止種**（**ドーマント種**）と**活性種**との間の可逆反応を制御するという概念が適用されることで，今日では様々な重合系においてリビング重合が実現されています（図2）．アニオン重合では，極性物質が重合系内に存在すると副反応が起こるため，シクロヘキサン，ベンゼン，テトラヒドロフラン中で行うことでリビング重合が行われています．また，メタクリル酸メチルをモノマーとして用いた例では，かさ高いアニオン重合開始剤や塩化リチウム，ジエチル亜鉛などの添加によるリビング重合系があります．カチオン重合では，一般的にβ脱離などの副反応が起こりやすいですが，対アニオンを適切に選択することでリビング重合が可能です．さらに，酢酸エチルやジオキサンなどの弱いルイス塩基を加えることで，ルイス酸の活性を調整することができ，ドーマント種と活性種の平衡状態を制御することができます．ラジカル重合では，ラジカル種が不安定で電気的に中性であることから生長末端種どうしの停止反応が起こりやすいため，リビング重合は困難であるとされていました．しかし，1990年代からドーマント種と活性種との可逆反応を制御するという考えに基づいて，重合系内のラジカル種の濃度を低く保つことでリビング重合が可能な重合系（ニトロキシドラジカル，遷移金属触媒，可逆的連鎖移動剤）（図2）が見出されました．

〔箕田・本柳〕

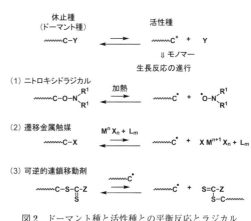

図2　ドーマント種と活性種との平衡反応とラジカル
　　　重合における代表的なドーマント種の例

4.13 最新の重縮合

　重縮合反応が逐次重合であるため，重縮合における生成ポリマーの分子量分布は，モノマー転化率とともに広がり，理論的には2に近づきます．そのため，重縮合では，分子量分布が狭い単分散ポリマーの合成が困難であると考えられていました．しかし，リビング重合の概念を取り込むことにより，2つの重縮合において分子量および分子量分布の制御が可能になっています．1つは縮合的連鎖重合であり（図1），もう1つは触媒移動型重縮合（図2）と呼ばれています.

　縮合的連鎖重合では，モノマーの化学構造を適切にデザインすることで，モノマー間での反応性よりもポリマー生長末端とモノマーとの反応性を大きくし，ポリマー生長末端とモノマーを選択的に反応させます．ここで生じた生長末端がさらにモノマーとの反応を繰り返すことで制御されたポリマーとなります．具体的には，4-アミノ安息香酸フェニルエステル誘導体に塩基を作用させて，アミノ基からプロトンを引き抜いた中間体をモノマーとします．このモノマーは窒素上のアニオンにより，電子供与基として働いてフェニルエステル部位を安定化するため，反応性が低くなります．一方，開始剤の4-ニトロ安息香酸フェニルエステルと反応することで，アミノ基がアミドへと変換され，開始剤と結合します．こ

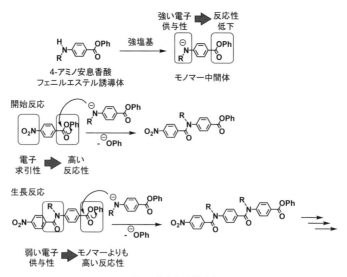

図1　縮合的連鎖重合

こで，4位がアミド基となることで電子供与性が低下するため，末端のフェニルエステル部位の反応性が高くなり，モノマーと反応できるようになります．このような反応を繰り返すことで，生成ポリマーの分子量はモノマー転化率に対して直線的に増大し，分子量分布は1.1と非常に狭い重縮合ポリマーが生成します．この重合法を利用することで，これまでできなかった縮合系ブロック共重合体の合成も可能になりました．

　触媒移動型重縮合を用いることで，芳香族どうしのカップリング縮合反応においてリビング重合が可能となります．これは，ニッケル触媒を用いたチオフェン誘導体のカップリング縮合において発見され，分子量分布の制御されたポリチオフェンが合成されています．重合機構で重要な箇所は，反応中間体1からカップリング生成物2になる際に，ニッケル触媒が分子から脱離することなく同一分子内の末端C-Br結合間に挿入し，触媒移動が起こる点にあります．そのため，生長末端とモノマーとの間でのみカップリング反応が起こるため，連鎖的に重合反応が進行し，分子量分布の狭いポリマーを生成します．　　　　〔箕田・本柳〕

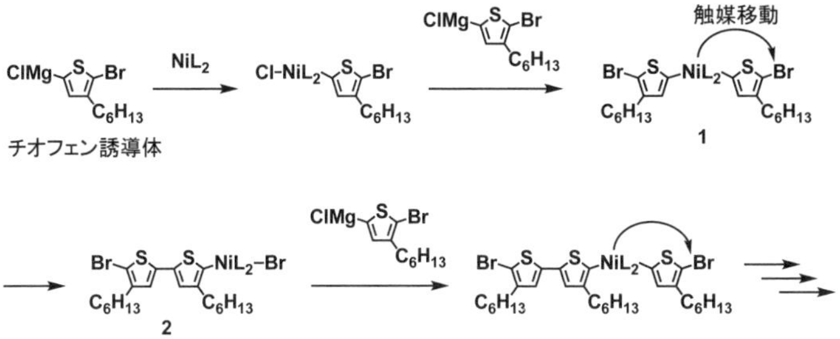

図2　触媒移動型重縮合

参考　縮合的連鎖重合；横澤　勉，有機合成化学協会誌，**60**，1，62-73（2002）
　　　　触媒移動型重縮合；脇岡正幸ら，日本ゴム協会誌，**81**，10，431-437（2008）

4.14　高分子反応・化学的変換

　高分子に化学反応（図1）を行うことによって，目的とする構造・物性を付与することができます．高分子の側鎖にある官能基には，**脱離・付加・置換**など通常の反応を適用できます．例えば，重合によって得られたポリ酢酸ビニル（PVAC）にNaOH水溶液を加え

> 1）脱離・付加・置換反応
> 2）架橋反応，ゲル化反応
> 3）閉環反応（ラダーポリマー，グラファイト化）
> 4）グラフト反応
> 　（graft-from, grafting-through, grafting-onto）
> 5）分解反応
> 　・ランダム分解，特定部位分解
> 　・解重合反応
> 　・動的共有結合

図1　高分子反応

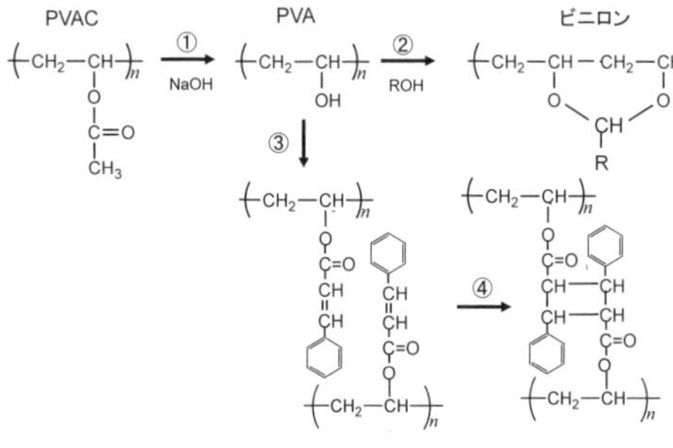

ると，側鎖はOH基へと加水分解されて，ポリビニルアルコール（PVA）を得ることができます（図2-①）．こうして得られたOH基にアルデヒドを反応させるとアセタール化が起こって，合成繊維である**ビニロン**が得られます（図2-②）．ポリスチレン（PS）においても，濃硫酸を反応させるとベンゼン環にスルホ基を導入することができます．また，PSをクロロメチル化した後に，アミンとの反応でアンモニウム塩に変換することができます．これらはイオン交換樹脂として用いられています．植物の細胞壁の主成分であるセルロースのOH基に対して，無水酢酸，硝酸，クロロ酢酸を反応させると，それぞれ酢酸セルロース（OCOCH$_3$基），ニトロセルロース（ONO$_2$基），カルボキシメチルセルロース（OCH$_2$COOH基）が得られます．また，パルプを2,2,6,6-テトラメチルピペリジン-1-オキシラジカル（TEMPO）で酸化すると，表面にあるセルロースの6位のOH基がCOOH基に変換されて，**セルロースナノファイバー**（CNF）が得られます．

図2　高分子反応の例（PVAの改質）

　次に，高分子鎖どうしを結合させる**架橋反応**の例を説明します．PVAにシンナメート基を導入します（図2-③）．ここに光照射を行うと二量化が起こってPVA間が架橋され，溶媒に不溶の固体となります（図2-④）．このような架橋性高分子は感光性樹脂（**フォトレジスト**）と呼ばれ，半導体回路などの描画に使われています．また，多数の高分子鎖が反応する例として，ポリアクリロニトリル（PAN）の**閉環反応**があります．PANを高温で加熱すると環化が進んではし

ご状構造（ラダーポリマー）が得られます．さらに高温にすると閉環反応によっ
て**グラファイト化**が進み，**炭素繊維**が得られます．

　高分子鎖から別の高分子を接ぎ木することを**グラフト反応**といいます．例えば，
高分子鎖に光や放射線を照射することで重合開始点を生成し，そこから別のモノ
マーを加えて重合を行います．基材としてポリウレタン（PU）を用いて，Ar
など不活性ガスのプラズマを照射すると，表面にラジカルが生成され，続いて酸
素と反応して重合開始種であるパーオキサイドが生成します．ここにモノマーを
加えて重合を行うことでグラフト鎖が形成されます．これによって基材表面の親
疎水化，物質の吸着性の調節などを行うことができます．セルロースへのグラフ
ト化では，セリウムイオン（Ce^{4+}）を加えてラジカルを生成させて**グラフト重合**
を行います．

　主鎖の**分解反応**にはランダムに分解する場合に加えて，特定の場所で分解する
場合があります．PVAの主鎖には少量ですが頭-頭結合の部分があります．そ
の部分は1,2-グリコールとなっているため，過ヨウ素酸イオンによって容易に
切断できます．また，ポリ-α-メチルスチレンやポリ乳酸のようにモノマー単位
で分解が起こる場合（**解重合**）があります．これは温度を上昇することで生長反
応の逆反応が優勢となるためです．このような温度を**天井温度**と呼んでいます．
これはケミカルリサイクルの観点からも重要な反応です．また，**動的共有結合**と
呼ばれる可逆的な結合を含んだ高分子が開発されています．これはイミン結合，
ジスルフィド（S-S）結合，アセタール結合，エステル結合，アシルヒドラゾン
結合などを含む高分子であり，刺激によって結合と解離が組み換わるように作ら
れています．結合の可逆性を高分子の自己修復に利用することが主な目的でした
が，現在はリサイクル技術としての展開が進んでいます．　　　　　　〔藤本〕

　参考　井上賢三ら「高分子化学」朝倉書店（1994）

4.15 ゲル化・光反応

　高分子反応において，高分子鎖間で結合形成することで分子量が増大し，三次元の網目構造ができた結果，不溶不融になることを**ゲル化**と呼びます．この高分子鎖間での結合形成反応のことを**架橋反応**といいます．架橋反応は，①すでにある直鎖状高分子の間で新たな結合が生成（高分子鎖間での架橋反応），②重合反応と並行して高分子鎖間で結合が形成，これら2つに分類することができます（図1）．

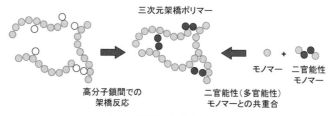

図1　架橋反応によるゲル化

　重合反応と並行して架橋形成する方法として，連鎖重合ではモノマーと二官能性モノマーとの共重合，逐次重合では二官能性モノマーと三官能性モノマー（四官能性以上の場合も含まれる）との重合があります．二官能性ビニルモノマー共存下でビニルモノマーをラジカル共重合する方法は，高分子ゲルを作製する最も簡便な手法となります．しかし，均質なゲルを作製するためには，ランダム共重合性が高いビニルモノマーの組合せを選択する必要があります．そのため，モノマーの重合部位と同じ構造をもつ二官能性ビニルモノマーがよく用いられます．図2は，電気泳動でよく用いられるアクリルアミドゲルのゲル化反応の模式図となります．

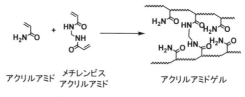

図2　アクリルアミドゲルの合成

高分子間での反応による架橋反応の代表例として，ジエン系ゴムの加硫があります．天然ゴムは，モノマー単位のイソプレンが 1, 4 位で結合形成し，主鎖中の二重結合がシス構造をとるポリマーからなります．天然ゴムは，ゴム弾性を示す材料ですが，外力が大きすぎたり，長い間外力をかけていたりすると復元力が低下し，外力を除いても元の状態に戻れなくなります．そこで，**加硫**によって架橋構造を形成することで，安定性の高いゴムとなります．まず，天然ゴムを加熱して流動化させ，次に少量の硫黄を添加すると，二重結合の隣の水素がラジカル的に引き抜かれ，硫黄から作られたポリスルフィドと反応し，ポリマー鎖間が架橋されます（図3）．

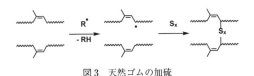

図3　天然ゴムの加硫

　高分子反応によって架橋構造を形成し，溶解性が大きく変わる現象を利用している機能性高分子に**フォトレジスト材料**があります．例えば，固体状態や濃厚溶液状態の桂皮酸含有ポリマーに光照射することで，側鎖の桂皮酸エステル部位がポリマー鎖間で環を作って二量化し，架橋構造形成による不溶化が進行します．このポリマーを塗布したのちにパターン露光すると，露光した部分の溶解性が低下し，溶媒洗浄による現像を行うと露光部分が残り，これを**ネガ型**のフォトリソ材料と呼びます（図4）．一方，露光した箇所の溶解性が増大し，現像によって露光されなかった部位が残るものを**ポジ型**のフォトリソ材料と呼びます（図5）．例えば，*tert*-ブトキシカルボニル保護基（Boc）でヒドロキシル基を保護したポリヒドロキシスチレンは，光酸発生剤による酸触媒反応で脱保護され，現像により露光部位が溶解除去されて未露光部分がパターンとして残ります．〔箕田・本柳〕

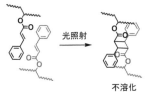

図4　ネガ型フォトリソ材料
桂皮酸エステル部位の光二重化反応

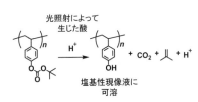

図5　ポジ型フォトリソ材料
光酸発生剤を用いた Boc 基の脱保護反応

4.16　高分子の成形加工

　化学プラントで重合された高分子は**ペレット**と呼ばれる顆粒の形で得られます．高分子を利用するためにはペレットを製品の形に成形加工する必要があります．成形加工の工程は，①高分子を溶融し流動化させる，②複数の部材を混練する，③鋳型などに流し込み形を付与（賦形）する，その後④固化する4つの工程からなります．さらに意匠性や機能性を高めるために表面のコーティングや加飾が施される場合もあります．このように高分子の成形加工の工程は高分子の流動性と密接に関係します．工業的には1分間に流れ出る高分子の質量（kg）で定義される指標（**メルトインデックス**）を用いて表します．また，分子量分布が広い高分子の方が流れやすいことが知られています．

　熱可塑性高分子の**押出成形**（付録図5）では，固体状のペレットをポッパーと呼ばれる注ぎ口から投入します．回転するスクリューでかき混ぜられる過程で加熱されたシリンダーからの熱伝導と摩擦熱によってペレットの温度は上昇します．ガラス転移温度，結晶融点より高温では高分子鎖が自由に拡散できる液状のメルト（溶融体）になります．溶融体はスクリューの溝の中でせん断変形を受けながらスクリューの先端へと移動します．このとき高分子鎖は歪んだ変形状態にあります．スクリュー先端の溜まり（リザーバー）の部分では高分子鎖の緩和時間に従って平衡状態の形態に戻ります．金型の狭い口金では高分子は急激に流れ，再び大きな変形を受けます．金口の形が矩形の場合はフィルム（シート）状の成形品が得られます．成形品は表面から冷却され結晶化，ガラス化を経て固化します．このため冷却の温度管理を工夫すると表面と内部の高次構造を変化させた層状構造（スキン・コア構造）をデザインすることもできます．金型内に溶融樹脂膜を膨らませてボトル，中空容器を作る**ブロー成形**も可能です．逆に真空を利用する真空成形もあります．このとき金型内部の高分子の流れや温度勾配，冷却速度を適切に管理しないと成形品がたわみ，反り，表面の筋（フローマーク），溶融の不均一（フィッシュアイ）などの成形不良品の原因なります．冷却に伴い熱収縮や結晶化を考慮して制御することが必須です．熱硬化性樹脂の場合や，高分子反応を伴いながら**射出成形**，圧縮成形する方法の場合はさらに複雑です．　〔小泉〕

4.17 プラスチック・熱可塑性樹脂

　プラスチックは**可塑性**という意味で，外力によって変形し，力を除いてもその形が残っている特性を表しています．このような高分子は**樹脂**と呼ばれ，熱可塑性樹脂と熱硬化性樹脂の2種類があります．高密度ポリエチレン（HDPE），低密度ポリエチレン（LDPE），ポリプロピレン，ポリスチレン，ポリエチレンテレフタレート，ポリメタクリル酸メチル（PMMA）は熱可塑性樹脂になります．これらの高分子鎖の間には分子間相互作用（静電相互作用，配向力，分散力，水素結合）が働いており，絡み合って固体となっています．低温では高分子鎖は凍結されてガラス状態となっています（図1）．高分子に熱を加えると高分子鎖の運動性が高まり，力を加えると変形します．このときの温度を**ガラス転移温度**（T_g）あるいは**軟化点**と呼びます．鎖の運動性は主鎖と側鎖の構造によって決まります．また，高分子鎖が密着して規則的な配列をとる場合に，部分的に結晶を形成できるようになります（結晶性高分子）．結晶性高分子では，T_g から温度を上げるとある温度で結晶部分が融解して流動化します（**融点**）．融解状態から冷却すると鎖の運動性が低下し，分子間相互作用によって結晶が生成し，さらに冷却するとガラス状態になって固化します．LDPE は分岐鎖が長くて多いため結晶性が低くなり，分岐が少ない HDPE では結晶性が高くなります．PMMA のような非晶性高分子では結晶は生成しません．融解させた樹脂を金型に注入して冷却することでフィルムやボトルなど種々の形状に成形することができます．ポリアミド，ポリカーボネートなどは耐熱性で高強度であり，**エンジニアリングプラスチック**（エンプラ）と呼ばれます．剛直な主鎖をもつポリフェニレンスルフィド，ポリスルホン，ポリイミドなどはさらに耐熱性が高く，**スーパーエンプラ**と呼ばれます．　　　　〔藤本〕

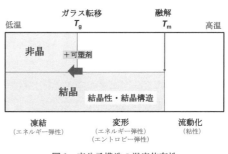

図1　高分子構造の温度依存性

4.18 プラスチック・熱硬化性樹脂

熱硬化性樹脂では，加熱によって硬化剤と樹脂原料（プレポリマー）の間で架橋反応が起こって不可逆的に硬化し，加熱しても柔らかくはなりません．三次元の網目構造が広がっているため，樹脂は溶媒に不溶となります．そのため，熱硬化性樹脂は耐熱性，力学的特性，電気的性質，寸法安定性に優れた特性を示します．成形の際には樹脂原料に充填材などを配合し，加熱した金型に入れて流動状態にした後，加圧して硬化させます（**圧縮成形**）．**フェノール樹脂**（図1）では，フェノールとホルムアルデヒドとの反応によって，レゾールとノボラックという2種類の樹脂原料を作製します．メチロール基を豊富にもつレゾールは加熱による脱水縮合で硬化させ，ノボラックはヘキサメチレンテトラミンなどの硬化剤との反応で硬化させます．フェノールの代わりに尿素とメラミンをそれぞれホルムアルデヒドと反応させて樹脂原料を作製し，加熱することによって**尿素樹脂**とメラミン樹脂が得られます．エポキシ樹脂は両末端にエポキシ基をもつプレポリマーに，多価のアミンや酸無水物を加えてエポキシ基と反応させて硬化を行います．

高い電気絶縁性を有していて，エレクトロニクス関連分野において接着剤や塗料として用いられています．また，**不飽和ポリエステル樹脂**では，無水マレイン酸などの不飽和多塩基酸とグリコールなどの多価アルコールとの縮合反応からエステル結合を含んだ樹脂原料を作製します．そこに，スチレンなどのビニルモノマーを加えて重合して三次元架橋することで得られます．この樹脂は硬化が速く，複雑な形状でも一体成形できるため，主として繊維強化プラスチックのマトリックスに使われています． 〔藤本〕

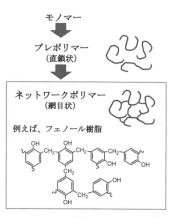

図1 重合と架橋反応による熱硬化過程

4.19 繊 維 化

　ランダムコイル状の高分子を繊維にする成形加工の工程を**紡糸**といいます．工業的な紡糸は主に次の3つが挙げられます．押し出し成形機のヘッドの部分のノズルに細孔を開けてここから溶融体を押し出して冷却固化すると繊維状に成形された高分子を得ることができます（**溶融紡糸**）．溶融体の代わりに高分子溶液をノズルから押し出して，その後に貧溶媒中に浸漬すると高分子が繊維状に固化します（**湿式紡糸**）．溶融しにくいセルロースや，分解しやすいポリビニルアルコールなどを繊維化する際に用いる方法です．高分子溶液をノズルから押し出した後に加熱して溶媒を飛ばして繊維化する方法を**乾式紡糸**といいます．アセテート繊維を得るために二酢酸セルロースをアセトンに溶解させ紡糸します．

　次に，これらの繊維を延伸して分子に配向を与え，さらに熱処理を施して結晶化度を増加させたり，繊維の部分に集中している応力を緩和させる後処理を施します．延伸を工業的に行うには回転速度の異なるローラー間で繊維に張力をかける方法を用います．高分子を撚ると繊維軸と直交する方向に圧力がかかり結晶化を促進します．さらに細い繊維を得るためには最近では**電解紡糸**と呼ばれる方法が開発されました．高電圧を高分子溶液に印加し溶液を帯電させると静電反発で μm 以下の太さのナノワイヤーが得られます．

　炭素繊維やカーボンナノチューブに次ぐ新素材として**ナノセルロース**が注目されています．酢酸菌によって生合成された 100 nm 程度の太さのセルロースリボンをナノメートルサイズの太さにするために**水中対向衝突法**を用います．水中に懸濁した天然セルロースを向かい合わせの噴射ノズルから噴射して対向衝突させることで微結晶に粉砕してナノ繊維化する方法です．

　紡績とは繊維状の高分子の塊から繊維軸を揃えて繊維化する工程を指します．羊毛を束ねて紡績することで繊維を得ますが，高分子の末端が繊維に含まれないで外に飛び出した状態にあります．人が身につけた際には肌と繊維束の間に空気の空間ができ暖かさを感じます．絹では空気の空間ができないためにひんやりとした感触が感じられるようになります．　　　　　　　　　　　　　〔小泉〕

4.20 ファイバーとフィルム

繊維（ファイバー）は高分子を溶媒に溶解あるいは加熱して融解した後，それらをノズルから押し出し，延伸すること（**紡糸**）によって作製します．非晶質の部分と結晶の部分が存在し，結晶部分は延伸方向に配向しています．そのため繊維は延伸方向に対しては高い強度を示します．繊維を束ねて撚り集めたものが**糸**で，その糸から織ったものが**織物**です．代表的な天然繊維には絹，羊毛，綿，麻があり，合成繊維にはナイロン系，アクリル系，ポリエステル系があります．また，異なる特性をもつ複数の高分子を一緒に紡糸することによって，中空構造，分割型構造（放射線状の断面），超極細など多様な形状と特性を示す繊維を作ることができます（**コンジュゲート繊維**）（図1）．これらの異なる繊維を組み合わせることによって，吸湿して暖かくなる繊維素材が生み出され

図1　コンジュゲート繊維

ています．さらに，紡糸方法によって高強度で高弾性の繊維を作ることができます．液晶性高分子では，高分子鎖が配向してドメインを形成しています．紡糸を行うと高分子鎖は延伸方向に規則正しく配列し，欠陥の少ない繊維が得られます（**液晶紡糸**）．また，非常に分子量の高い高分子を用いて溶液を作製し，高分子鎖が接触しはじめるような濃度にして紡糸を行うと，絡み合いの少ない繊維を得ることができます（**ゲル紡糸**）．マスクなどに使われている**不織布**は，繊維を織らずに絡み合わせ，熱融着などでシート状にしたものです．

熱可塑性高分子を融点以上でスリットから押し出し，ロールに巻き取りながら冷却すると高分子シート（**フィルム**）が得られます．さらにロールの間隙で圧縮して薄いシート状にします（**カレンダー成形**）．フィルムを縦と横で延伸（二軸延伸）することで，透明で結晶化度の高い強靭なフィルムを得ることができます．また，異なる種類の高分子を何段にも重ねて同時に押し出し，ロールで積層させることで，気体透過性，防曇性など異なる特性を有する**ラミネートフィルム**を作製することができます．

〔藤本〕

4.21　液晶高分子

　液晶は液体のように流動できる状態でありながら，分子の配向性に規則のある物質です．並び方によって，スメクチック液晶（規則正しく並び，層を形成する），ネマチック液晶（規則正しく並ぶが，層を形成しない）（図1），コレステリック液晶（配向した層が一定の角度でねじれて堆積する）などに分類されます．また，ある溶媒に溶けて生じるリオトロピック液晶と，温度変化により生じるサーモトロピック液晶に大別されます．

　液晶性を示す高分子は剛直な棒状の部位（メソゲン）を含みます．液晶高分子の大半は4-ヒドロキシブチレート安息香酸がエステル結合で結合しています．このモノマーと他のモノマーを共重合することで様々な融点の液晶高分子を合成することができます．例えばイソフタル酸（IPA）を共重合すると主

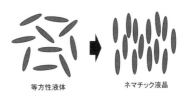

等方性液体　　　　ネマチック液晶

図1　分子の配向性秩序を示す液晶性分子

鎖がクランク状に曲がったクランクシャフト型の骨格になり IPA の添加量を変化させると融点を連続的に変化させることができます．

　ネマチック液晶相を示すサーモトロピック液晶高分子は射出成形が容易です．これは液晶状態では分子の絡み合いがなく流動性が高いためです．芳香環を含む分子骨格は高耐熱性，高強度でエンプラとして有用です．液晶の配向状態を保ったまま固化すると繊維軸方向の機械強度が高いこと，成形後の寸法安定性，耐熱性が高いなどの利点があります．サーモトロピック液晶の溶融紡糸で得られるベクトラン繊維は代表例です．アラミド（芳香族ポリアラミド繊維）の代表であるケブラーはポリパラフェニレンテレフタルアミド（PPTA）からなるスーパー繊維です．当初，PPTA は結晶性が高く溶融せず，通常の有機溶媒にも溶解しませんでした．その後，濃硫酸に溶解してリオトロピック液晶になることが発見されました．この溶液を用いて乾湿式紡糸を行うと，せん断流動で分子鎖が配向し，配向を保ったまま固化して高弾性の繊維が得られます（液晶紡糸）．天然繊維の絹も蚕が吐糸しているときは液晶状態です．

〔小泉〕

4.22 成形加工

高分子製品には着色剤，酸化防止剤，難燃剤など多量の添加物が混合されています．PVCには柔軟性を調節するために**可塑剤**が加えられています．可塑剤はPVCの分子間に入り込んで結合を弱める役割を果たしています．高強度化や難燃化のために，プラスチックには球状，針状，板状などの無機物が**充填剤（フィラー）**として添加されています．この際，フィラーを高分子中で凝集させずに，ナノからミクロンサイズで均一に分散させることが求められます．そのため，高分子との親和性を付与する表面改質を行うことがあります．また，新しい機能を付与するために，複数の材料を組み合わせた**複合化（コンポジット化）**が行われています．繊維強化プラスチック（FRP）はその一例で，エポキシなど合成樹脂のプレポリマーを溶解あるいは加熱してガラス繊維，炭素繊維などに含浸させ，熱硬化させます．この際，樹脂を均一に含浸させるために繊維の表面加工が行われます．さらに，気泡を除いて複雑な形状にまで含浸できるように，減圧処理が行われています（**真空含浸工法**）．これらFRPは軽量で高強度，高弾性であり，耐熱性にも優れているため，スポーツ用品，建材，船舶，航空機の部材として使われています．しかし，**線膨張率**が異なる材料を複合化しているため，寸法安定性などの長期信頼性の保証が求められます．そのため，共有結合でありながら可逆的な解離−結合が容易に実現できる**動的共有結合**を用いて応力を緩和する方法も考えられています．同種あるいは異種の高分子を貼り合わせる工程は**ラミネート加工**と呼ばれます．高分子フィルムに接着剤を塗って貼り合わせる以外に，紙などをプラスチックフィルムで挟み込んで熱圧着して積層されています（**積層成形**）．食品の包装ラップフィルムではＴ字型のダイ（金型）を用いて，3層の樹脂を同時に押し出して作製されています（**共押出Ｔダイ法**）（図1）． 〔藤本〕

図1 共押出Ｔダイ法

4.23 新しい成形加工

　これまでの高分子の成形加工では，主として射出成形など金型に注入して成形する方法が行われてきました．最近，金型を使わない**3D プリンティング**と呼ばれる方法が開発されました．これは 3D プリンタと呼ばれる装置を用いて，高分子の薄層を重ねて立体化するものです．例えば，溶融した高分子を微小ノズルから射出して層を下から上へと重ねていく方法があります（**熱溶解積層法**）．また，**光造形法**では感光性樹脂を光で硬化し，樹脂層を積層させて形を作り出します．この際，液体の感光性プレポリマーに紫外線レーザーなど光照射を行うことで架橋反応が起こり，不溶性の樹脂層が形成されます．三次元造形を行うためには，レーザーを集光させる部位を下から上へと移動して，感光性プレポリマー中で樹脂層を順次形成させて積み上げていきます（図1左）．インクジェットによる3D プリンティングでは，光造形法と同じ感光性樹脂をインクとして用いる方式と粉末（バインダー）を結合剤と混ぜてインクとして用いる方式があります．寸法精度や強度を向上するために，各樹脂層間の接合の改良が進められています．感光性樹脂は微細加工パターンを作り出すためにも使われています．これは**ナノインプリント**と呼ばれる方法で，ナノスケールのパターンを刻み込んだ型（モールド）を樹脂に押し付けて光硬化させた後に，モールドを離型させることでパターニングを行います（図1右）．安価で簡単に 10 nm 以下の超微細パターンが得られるため，NAND フラッシュメモリなどへの応用展開が期待されています．現在は，パターン欠陥の低減が課題であり，モールドへの樹脂の含浸，離型時における樹脂の残存，さらに異物の混入などについて改良が行われています．

〔藤本〕

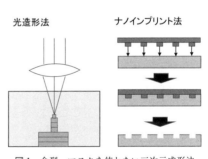

図1　金型・マスクを使わない三次元成形法

4.24 高分子微粒子

　高分子微粒子はナノからミクロンオーダーの球状の高分子です．初期にゴムの樹液を模倣して合成されたため，**高分子ラテックス**とも呼ばれています．高分子微粒子は液中で分散しており，使用時には付着および合一することによって，塗料，インキ，接着剤，フィルムなどに用いられています．樹脂やフィルムの改質剤としても添加されており，耐衝撃性，耐熱性，難燃性などを向上させることができます．また，フィルム表面に高分子微粒子を付着させることによって，光拡散性，アンチブロッキング性などが発現するようになります．

　高分子微粒子は，サイズとその分布，形状，表面および内部の組成と構造で特徴付けられます．サイズは静的および動的光散乱によって測定します．また，分散液に電場を印加して電気泳動移動度を測定することで，表面のゼータ電位が算出されます．表面形態は走査型電子顕微鏡（SEM）で観察でき，形状と内部構造は透過型電子顕微鏡（TEM）によって観察できます．硬さは架橋度によって調節でき，硬質でサイズの揃った微粒子は液晶のスペーサーに用いられています．また，架橋度が低く，溶媒中で膨潤するものはゲル微粒子と呼ばれています．

　高分子微粒子は主に次の方法で作製されます．①モノマーを重合する際に微粒子の形状にする方法，②高分子溶液の液滴を固化させる方法，および③高分子鎖を会合して沈殿させる方法です．他に，④固体の高分子を粉砕などによって粒子状に成形する方法もあります（図1）．①では，モノマーに加えて，溶媒，界面活性剤，分散安定剤，開始剤からなる系で，主にラジカル重合により微粒子化を行い，懸濁重合，乳化重合，ソープフリー重合，ミニエマルション重合，分散重合，沈殿重合などが開発されてきました．**乳化重合**では，ビニルモノマー，溶媒，開始剤に加えて乳化剤が存在することによって，系内に乳化剤からなるミセルと乳化剤によって安定化されたモノマー滴が形成されます．ミセルの数はモノマー滴に比べて圧倒的に多数であるためミセルが重合の場となります．このミセルにモノマー滴からモノマーが供給されて微粒子のサイズが大きくなっていきます．②では，高分子の溶液を撹拌，超音波処理など機械的な方法によって他の液中に微小滴化させます（エマルション形成）．液滴表面には界面活性剤が存在し，分散状態を保っています．次に，昇温や減圧によって液滴内の溶媒を蒸発させます．③では，高分子鎖内あるいは高分子鎖間に働く会合力を利用して沈殿を形成させます．会合力としては，静電相互作用，配向力，誘起力，分散力，水素結合，疎

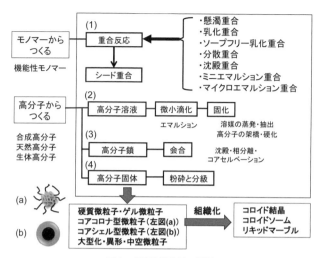

図1　高分子微粒子の作製

水性相互作用などが考えられます．例えば，親水性と疎水性のブロックからなる共重合体を水中に滴下すると，疎水性ブロック由来のコアと親水性ブロック由来の表面層からなる微粒子が形成されます（コアコロナ型微粒子，または**高分子ミセル**）．また，高分子微粒子の表面に高分子のシェル層を形成させると，**コアシェル型微粒子**が得られます．また，モノマーの吸収と重合による大型化，相分離を利用した異形化，中空化なども行われています．

　高分子微粒子は階層構造，散逸構造，ソフトマターなど基礎研究における素材でもあります．充填状態となった構造体は**コロイド結晶**と呼ばれ，分散液から溶媒蒸発によって得ることができます．自然沈降や透析によっても作製することができますが，より短時間で得るためには遠心沈降，吸引，電気泳動，加圧濾過などが有効です．コロイド結晶には光の選択的反射（**構造色**），光の閉じ込め効果（フォトニック結晶）などの特性が発現します．また，液滴表面を微粒子で被覆し，融着させることによってカプセルが得られます（**コロイドソーム**）．撥水性の微粒子は空気中で水滴表面に集積して内部に水を保持した塊を作り出します（**リキッドマーブル**）．

〔藤本〕

　参考　室井宗一「高分子ラテックスの化学」高分子刊行会（1970）

第5章　これからの高分子

5.1　高分子の可能性

　モノづくりには，改良と創出という2つの面があります．**改良**は第1章で述べたように人々の生活に浸透しているモノ（高分子）を，さらに良いモノにしようと深く考えることを基としています．**創出**とは，これまでになかった物事を見出し，意義付けて，みなさんの前に提出することです．高分子を学ぶことは，モノづくりを通してこのような改良と創出につながっています．

　研究にも大きく分けて基礎研究と応用研究があります．**基礎研究**はいくつもの種を作り出す行為です．すべての種から花が咲くわけではありませんが，コツコツと種を積み上げています．**応用研究**では，既存の製品についてモノとしての改良と製品概念（コンセプト）に沿った新しい試みを行います．また，新しいコンセプトを案出して，それに基づいてデザインし，具体的なモノに落とし込んでいきます．どれをとってもなかなか難しいことですが，研究者としてはやりがいのあることです．

　さて，**イノベーション**という言葉をよく聞きますが，発明（インベンション）ではなく，新結合という意味で，異なる物事と物事を自分の考えをもってつなぎ合わせることで，新しい価値を創出することです．第5章では，現在から未来のキーワードとして，①資源，②環境，③エネルギー，④知能，⑤暮らしを挙げています．キーワードに関係する物事と高分子における物事とをつなぎ合わせることで新しい切り口が生み出されます．

　①**資源**については，天然素材（バイオマス）をどれくらい理解できるかが課題です．微生物をはじめとして，**自然界のモノづくり**に学ぶ必要があります．ここには，従来の科学・技術で自然界のモノづくりに切り込んでいく視点と，自然のモノづくりを未来の科学・技術に活かしていく視点があります．

　②**環境**については，安易にモノに責任を押し付けずに，われわれ自身がいろいろな反省に基づいて行動を変える必要があります．現在は使い捨ての規制が話題になっていますが，そもそもスマートフォンや電気自動車などの製品はモノから作られています．製品を使う立場にあるわれわれが，主体的になって生活様式を変革してくことが求められています．これも脱炭素の1つの解になります．

③**エネルギー**については，太陽電池，**燃料電池**，そして蓄電池に注目が集まっています．石炭，石油，原子力以外に，水力，風力，地熱，バイオマスなど**再生可能エネルギー**もありますが，**省エネルギー**が基本であることは忘れないでおきたいと思います．ここでは注目の1つの燃料電池について紹介します．

　④**知能**については，情報社会の発展と**人工知能**（AI）の発達によって，**機械学習**を適用した精度高い予測が可能となってきました．チェス，囲碁，将棋の世界では，AIが圧倒的な力を示しています．モノづくりの世界でも，低分子化合物の合成においては極めて効率的な手法になってきています．より複雑な高分子に対しても，**マテリアルズインフォマティクス**（MI）として存在を強めています．

　⑤**暮らし**については，食料と医療が課題になってくると思われます．これまでバイオの知識が広がりかつ深まり，**再生医療**や抗体医薬の進展が見られていました．ここにきて，感染症のパンデミックへの対応が強く求められています．われわれ自身もウイルスも，同じように高分子からできています．したがって，医療における問題のいくつかは高分子の課題でもあります．また，食料もほとんどが高分子からできています．**ゲノム編集**といった新しい生物学的手法が新しい品種の創出につながり，食材から新材料の開発が期待されています．

　以上の未来のキーワードは問題点ではなく，イノベーションの種ととらえることが未来志向です．これらについて高分子を通して考えることで，様々な可能性が拓けていくと思います．

〔藤本〕

5.2　バイオベースポリマー（資源）

　現在，持続可能な社会を目指して，石油由来原料から再生可能な生物資源由来の素材（**バイオマス**）への転換が急速に進められています．バイオマスは大気中の二酸化炭素を固定して生育した植物由来であるため，燃焼しても大気中の二酸化炭素の濃度は増加しません（**カーボンニュートラル**）．バイオマスには，とうもろこし，じゃがいも，植物油脂などの資源作物に加えて，家畜排せつ物などの廃棄物，もみ殻，間伐材など未利用のものがあります．バイオマスに含まれる低分子成分と高分子成分をそれぞれ原料として高分子素材（**バイオベースポリマー**）を得る方法が開発されています（図1）．低分子成分は植物由来の油脂，テルペン類，ポリフェノール類などであり，高分子量化して樹脂を合成します．高分子成分には，植物由来のセルロースやリグニン，甲殻類由来のキチン，白子由来の核酸などがあります．これらを精製して直接利用する方法と化学的に改質して利用する方法があります．後者では，セルロースの溶解性と加工性の改善を目的として酢酸セルロースなど様々な誘導体が合成されています．また，木質セルロース（パルプ）を酸化処理することで，セルロース繊維を解きほぐして得られる**セルロースナノファイバー**は機能材料として注目されています．最近では，微生物発酵や酵素反応により分解して低分子量化し，再び生物反応（バイオ変換）あるいは化学反応を利用して重合する方法（ケモ・バイオ変換）も開発されています．　　　　〔福井〕

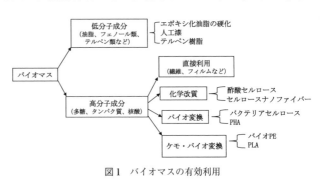

図1　バイオマスの有効利用

参考　高分子学会編「高分子先端材料 天然素材プラスチック」共立出版（2006）

5.3 バイオリファイナリー（バイオマスと微生物）

　石油資源に代わってバイオマス資源を利用して，微生物や酵素反応などのバイオプロセスと従来の化学プロセスを組み合わせて，燃料や様々な化成品を生産する技術（**バイオリファイナリー**）の開発が進められています．

　バイオマス原料としては，とうもろこし由来のデンプンは食料との競合が懸念されるため，非可食かつ未利用資源である木質由来のセルロース，ヘミセルロース，リグニンが注目されています．しかし，これらの各成分は共有結合や水素結合によって強固な植物細胞壁を形成しています．そこで，この構造を物理的・化学的処理によって破壊した後，バイオ的処理として，セルラーゼ・ヘミセルラーゼなどの酵素で分解します．そうして得られた糖などから微生物発酵によって，エタノール，乳酸など種々の化学物質を得ることができます．この際，遺伝子組み換えなどによって，セルロースを分解する能力を付与するなど微生物の改変が試みられています．さらに，得られた化学物質をさらに化学的に変換あるいは重合することで，様々な化合物が作られています．例えば，とうもろこし由来のデンプンを分解してグルコースとし，これを酵母菌により発酵させることでエタノールが得られます．これは**バイオエタノール**としてガソリンに代わる燃料として注目されています．さらに，これを脱水してエチレンを合成し，重合することで**バイオポリエチレン**が合成されています．同様に，グルコースを乳酸菌で発酵させると乳酸が得られ，重合することでポリ乳酸（PLA）が得られます．PLA は**生分解性高分子**として利用が推進されていますが，耐熱性が低く用途が限定されるため，他の高分子とのブレンド，アロイ化などによって高性能化（耐熱性，耐衝撃性など）が行われています．微生物には体内で高分子を産生・蓄積するものがあります．これらは，バイオ変換により得られる糖や脂肪酸を原料としてポリ（R-3-ヒドロキシアルカノエート）（PHA）を作ります（図1）．これもバイオ由来の生分解性高分子です．　　　　　　　　〔福井〕

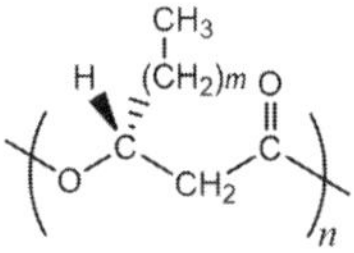

図1　ポリ（R-3-ヒドロキシアルカノエート）

参考　福田裕穂，稲田のりこ編「スーパーバイオマス―植物に学ぶ，植物を活かす―」慶應義塾大学出版会（2012）

5.4　生物産生高分子（マイクロバイアルセルロース）

　セルロースはグルコース残基が β-1,4-結合した直鎖状の多糖です．分子内の水素結合のために分子が剛直で持続長が長く，分子間の水素結合によって強固な結晶構造を形成します．セルロースの分子には極性があり，結晶の多形は極性が揃った I 型と逆向きの II 型に分類されます．植物の細胞壁で産生される天然セルロースは I 型で準安定な高次構造です．I 型のセルロースを Schweizer 試薬（$CuSO_4$/NH_3 水溶液）に溶解させ，酸性水溶液中に投入して再沈殿させると極性が反転した II 型の結晶が得られます．II 型は最安定な状態にあり元に戻すことはできません．このような化学処理を施したセルロースは**再生セルロース**といいます．特に繊維状のものを人造繊維（**レーヨン**）といい綿や麻の代用品です．また，フィルム状のものが**セロファン**です．結晶性のセルロースを動物が分解するためにはセルロース分解酵素（セルラーゼ）を利用しなければなりません．

　セルロースは植物以外の生物でも合成され，微生物によるものを微生物産生セルロース（**マイクロバイアルセルロース**）といいます．グルコースを含む Hestrin-Schramm（HS）培地中に酢酸菌を埴菌して 30℃ で静置培養すると，約 2 週間の後に培養液上部に厚さ約 10 mm のディスク状のペリクルが生成します．これはほぼ 100% がセルロースであり，ナタデココと呼ばれています．菌体表面には直線上にセルロース合成酵素複合体（ターミナルコンプレックス）が配列しており，ここから菌外にセルロースの繊維が放出されます．このセルロース繊維は，サブエレメンタリーフィブリル，ミクロフィブリル，リボンからなる階層的な高次構造から構成されています（図1）．さらに，酢酸菌の移動（細胞運動）に伴って三次元的な網目構造が形成され，含水率は 99% に達します．酢酸菌はセルロースを結晶化させず非晶のままに留めています．これは菌自身が食源として再利用するためといわれています．　　　　　〔小泉〕

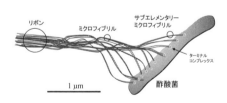

図1　セルロースの合成と高次構造形成を担う酢酸菌

5.5 生物産生高分子（ポリエステル，タンパク質）

　いくつかの微生物はポリエステルを産生しています．巨大菌（学名：*Bacillus megaterium*）では菌体内に D 体の 3-ヒドロキシブチレートをモノマー単位とする光学活性なポリ（3ヒドロキブチレート）（P(3HB)）が産生されます．P(3HB) はエネルギー貯蔵物質としての役目があり，生分解性に優れているためシャンプーのボトルなどに利用されています．

　蚕が作る繭の生糸は絹フィブロイン（silk fibroin）2 本とセリシンの 2 種のタンパク質を束ねた複合繊維です．生糸からセリシンを除いた糸をシルク（絹）と呼びます．これらのタンパク質は，蚕の絹糸線と呼ばれる蚕の内臓で合成されます（図1）．絹糸線は後部，中部，前部の 3 つの部分に分かれています．はじめに約 10% 程度のゾル状態のフィブロインが後部で合成されます．次にセリシンが中部で合成された後，フィブロインと混合されて液状絹という状態になります．ここでフィブロインは 25% 程度に濃縮されます．セリシンはフィブロインを包み込んでフィブロインを流れやすくし，最終的にフィブロインを固定化する接着剤の役目を担います．絹糸線は蚕の中の左右に一対あるため，2 本のフィブロインがセリシンで束ねられブランと呼ばれる複合繊維ができます．生糸のセリシンは，内層が結晶，外層が非晶という層状構造を形成しており，表面にはアミド基，カルボキシ基が露出しているので水に溶けやすくなっています．蚕は首振りを繰り返して張力をコントロールしながら絹を吐き出します．このような蚕による吐糸は液晶紡糸の一種といえるでしょう．

　生合成がきっかけとなり，その産生物が自己組織化するという化学と物理の連携プレーのプロセスを**重合誘起自己組織化**と呼びます．酢酸菌によるペリクルの形成の過程では，セルロースの生合成と菌外へのセルロースの排出に続いて，結晶化，凝集という組織化に移行しています．また，蚕による絹糸の産生は 2 種類のタンパク質を複合化しながら繊維化を行っています．　　　　　〔小泉〕

図1　蚕と絹を合成，複合化する臓器（絹糸線）

5.6 バイオミメティクス

　バイオミメティクス（生物模倣）とは，生物の形態や機能，システムなどを模倣し，材料や機械に応用することです．古くから人間は生物を観察し，模倣をしてきました．近年の分析技術の発展に伴い生物のもつ素晴らしい機能や能力が解明され，再びバイオミメティクスが注目されています．従来の工業製品と比較して温和な条件下での作製や，資源の有効利用という点から重要なテクノロジーとなる可能性を秘めています．バイオミメティクスには，大きく3つのアプローチがあります．

　①鳥の翼から飛行機の翼が生まれたように生物の形状に着目した**形態模倣**
　②抗生物質やフェロモンなどの生体分子の化学構造に着目した**化学模倣**
　③鳥や魚などの群れの挙動に着目した**システム模倣**
ここでは形態模倣を中心に説明します．

　形態模倣は，機械や材料分野で見直されており，カワセミのくちばしに着想した新幹線の先頭車両やクジラのヒレをまねた風力発電の回転翼などがあります．また，微細加工技術の発達により，生物のもつ微細構造の模倣による新素材の開発も行われています．例えば，ハスの葉の表面が水をはじく性質（撥水性）を示すのは，ハスの葉の表面が数マイクロメートルの微小な突起に覆われており，さらに突起表面が微細な凹凸をもつワックスの結晶で覆われているためです（**ロータス効果**）（図1）．このような階層構造は高分子の微細加工によって再現可能であり，その表面は強力な撥水性を示すようになります．また，自由に夜空を飛べる蛾の眼は，効率的に光を吸収することができ，その眼を覆っている角膜の表面には高さ200ナノメートル程度の小さな突起が数百ナノメートル程度の間隔で並んでいます．このような構造を**モスアイ構造**（図2）と呼び，高分子フィルムの表面に同様の凹凸構造を形成した無反射フィルムが開発され，液晶パネルや太陽電池などへの利用が期待されています．

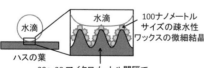

図1　ロータス効果

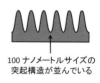

図2　モスアイ構造

自然界は鮮やかな色彩に満ちており，そのほとんどが有機化学物質である色素が光を吸収することで呈色しています．しかし，色素がないにもかかわらず呈色することがあります．例えば，シャボン玉が虹色を示すのは薄い膜によって光が干渉し，特定の色が強まるためです．このような微細構造による呈色を**構造色**と呼びます．青く輝く翅で知られているモルフォ蝶の発色の仕組みは構造色によるもので，翅の鱗粉の表面には規則正しく微細なひだ状の凹凸が形成されており，幾重にも積み重なった積層構造により，青色の光が強め合っています（図3）．光の干渉による発色の原理を基に，構造発色繊維であるモルフォテックス®が開発されました．モルフォテックス®は紫・青・緑・赤の色調をもち，染色していないため，色があせるということがありません．アワビやアコヤ貝などの貝殻の内側はタンパク質と炭酸カルシウムの積層構造となっており，高分子材料と無機材料のハイブリッドとなっています（図4）．貝殻は構造色による美しい呈色だけでなく，丈夫な構造を示します．レンガ造りのような積層構造となっているため，ヒビが入っても柔らかいタンパク質の層がヒビの進行方向をそらせたり，衝撃のエネルギーを拡散したりするため，なかなか割れにくくなっています．このような構造に着目した材料も開発されています．ヤモリは足の裏に生えている無数の細いヘラ状構造体の毛によって，壁や天井に引っついて歩くことができます．これは，先端に密集している毛が人工物の微細な凹凸に入り込んで，多点で分子間力を及ぼすためです．この構造を模倣し，高分子とカーボンナノチューブの複合化によって化学接着剤を用いない接着テープが開発されています．

〔箕田・本柳〕

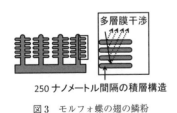

多層膜干渉

250ナノメートル間隔の積層構造

図3　モルフォ蝶の翅の鱗粉

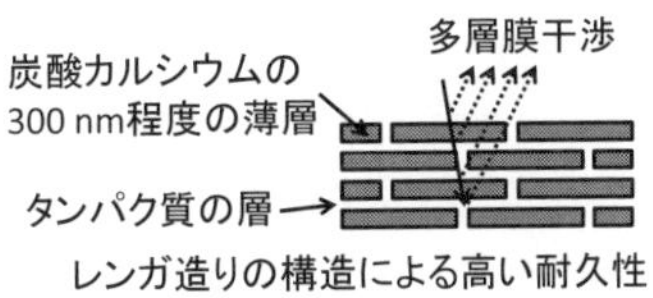

炭酸カルシウムの
300 nm程度の薄層

多層膜干渉

タンパク質の層

レンガ造りの構造による高い耐久性

図4　貝殻の内側

参考　白石　拓編「バイオミメティクスの世界」宝島社（2014）
　　　　石田秀輝，下村政嗣監修「自然にまなぶ！　ネイチャー・テクノロジー　暮らしをかえる新素材・新技術」学研プラス（2011）

5.7　プラスチックと環境

プラスチックについては，大量生産と大量消費に伴う石油資源の枯渇に加えて，大量廃棄によって土壌および海洋の環境汚染が問題となっています（表1）．回収されたプラスチックのほとんどは最終処分地に埋め立てられており，問題解決のためには，プラスチックの減量化（Reduce），再利用（Reuse），再資源化（Recycle）といった3Rの徹底が求められています．また，レジ袋の削減に向けて有料化と使用を断る活動（Refuse）が進められています．これらに加えて，素材面からの対策としてバイオマスプラスチックや生分解性プラスチックへの転換が進んでいます．日本では，**サーマルリサイクル**が主流であり，プラスチックを焼却して熱エネルギーを回収して利用しています．フェノール樹脂など熱硬化性樹脂は，耐熱性，耐溶剤性に優れているがゆえに，分解・変換反応に多くのエネルギーや化学物質の添加が必要となります．一方，熱可塑性で再生時の加熱による劣化が少ないポリマーについては，加熱溶融後に再成形されています（**マテリアルリサイクル**）．さらに，熱分解と化学的処理によって原料化，油化，ガス化などによる資源化も試みられています（**ケミカルリサイクル**）．PMMAは解重合によってモノマー単位にまで分解できるため，再び重合することで再生が可能です．また，**動的共有結合**を有するポリマー（ビトリマー）は，高温にすることで結合交換が活性化して軟化するため成形加工が可能になります．また，β-トリケトンとポリアミンの重縮合からなるポリジケトエナミン（PDK）は，酸溶液に浸すだけでモノマー単位まで分解することができます．

〔福井〕

表1　プラスチックに関わる環境問題と対策

要　因	問　題	対　策
大量生産	・石油枯渇 ・二酸化炭素の排出 ・製造時に排出される有害ガスによる大気汚染	・リデュース ・バイオマスプラスチックによる代替（カーボンニュートラル）
大量消費	・廃棄物の増大	・リフューズ ・リユース
大量廃棄	・土壌汚染 ・海洋プラスチックごみ	・投棄禁止および回収 ・リサイクル ・生分解性プラスチックによる代替

参考　P. R. Christensen *et al.*, *Nature Chemistry*, **11**, 442-448（2019）
　　　　プラスチックリサイクル化学研究会「プラスチック再資源化の基礎と応用」シーエムシー出版（2012）

5.8 マイクロプラスチック

廃プラスチックの環境流出による環境汚染の中でも特に海洋汚染の問題が深刻化しています．海洋中に放出されたプラスチックは断片化され，海流などにのって地球規模で広がっています．これらは**一次マイクロプラスチック**と呼ばれており，洗顔料・歯磨き粉などのスクラブ剤，洗濯衣類から発生した繊維の細片なども含まれています（表1）．さらに，これらは紫外線によって劣化し，時間とともに破砕および分解することによって微細化していきます．直径5 mm以下となったものは**二次マイクロプラスチック**と呼ばれ，回収するのが極めて困難です．これらの有害性は調査中ですが，含有していた添加剤に加えて海水中から吸収した残留性有機汚染物質（POPs）などが，食物連鎖の中で濃縮されて悪影響を及ぼすことが懸念されています．対策としては，生産と消費の削減も重要ですが，ごみとして投棄されることが原因であることから，われわれの姿勢と行動が一番に問われています．現在，**バイオマスプラスチック**や**生分解性プラスチック**の開発が注目されています．

その中でも，ポリ（3-ヒドロキシブチレート-co-3-ヒドロキシヘキサノエート）（PHBH）は海水中の微生物により分解されるプラスチックとして注目されています．また，地上や海水中など酸化的環境では分解せず，海底質の還元的環境においては結合が開裂し，微生物によって分解される海洋生分解性材料も研究されています．

表1　マイクロプラスチックの発生例と対策

	一次マイクロプラスチック	二次マイクロプラスチック
分類	プラスチックが断片化したものマイクロサイズで製造されたプラスチック	プラスチックが，自然環境中で微細化されて，5 mm以下のサイズになったもの
発生例	洗顔料・歯磨き粉のスクラブ剤工業用研磨剤，繊維断片，紙おむつなどに含まれる高吸水性樹脂，プラスチック製品の原料となるレジンペレット	漁網，ロープ，ブイ，プラスチックボトル，プラスチック容器，ポリ袋など
対策	回収，リサイクル，天然由来素材や生分解性プラスチックによる代替	投棄禁止，マイクロ化する前に回収，生分解性プラスチックによる代替

〔福井〕

参考 望月政嗣ら「生分解性プラスチックの素材・技術開発」エヌ・ティー・エス（2019）
枝廣淳子「プラスチック汚染とは何か」岩波ブックレット No. 1003（2019）

5.9　エネルギー（燃料電池）

　固体高分子形燃料電池は燃料の水素を燃やしながら発電する燃焼釜です．この点でマンガン電池やアルカリ電池などのいわゆる一次電池や，蓄電型の鉛蓄電池やリチウムイオン電池の二次電池とは異なります．燃料電池の歴史は古く，1839年にイギリスのウイリアム・グローブにより希硫酸を電解質に用いた燃料電池の原型が試作されました．その後 1965 年にポリスチレンスルホン酸の高分子膜を用いた固体高分子形燃料電池が人工衛星 Gemini 5 号に搭載されます．現在では住宅や自動車で実用が始まり，**フッ素系高分子電解質膜**が用いられています．この高分子電解質膜に求められる性能は，①電極間の絶縁，②燃料ガスの隔離，③高いプロトン伝導などの分離機能です．フッ素系高分子の代表であるナフィオン®（1967 年 DuPont 社）はテトラフルオロエチレン（TFE）とパーフルオロビニルエーテル（$CF_2=CFOCF_2CFC(CF_3)OCF_2SO_2F$）との共重合で得られる一次構造を有し，上の分離機能とともに化学的安定性にも優れています．

　固体高分子形燃料電池では水素を負極（アノード）に，酸素を正極（カソード）に供給して発電を行います．住宅用の燃料電池の場合は，水素は都市ガスやプロパンガスを改質して得ることができます．白金を触媒としてアノードで生成したプロトン（H^+）は，高分子電解質膜の中の水とともにカソードへ移動し，酸素と反応して水が生成します．標準状態（温度 25℃，1 気圧）の 1 mol の水素の生成エンタルピー変化は $\Delta H^0=285.8$ kJ mol^{-1}，生成ギブスエネルギー変化は $\Delta G^0=237.2$ kJ mol^{-1} です．両者は $\Delta H=\Delta G+T\Delta S$ に関係にあり ΔH と ΔG の差は熱として放出されるわけです．ここで T は絶対温度 [K]，ΔS^0 は標準状態のエントロピー変化 [kJ K^{-1} mol^{-1}] です．これらの値から**熱効率**は理論的には $\varepsilon=\Delta G^0/\Delta H^0=237.2/285.8=0.83$ であり 83% です．これを火力発電の熱効率 42% と比較して非常に大きな値であることがわかります．標準状態の**理論起電力**は $E^0=-(\Delta G^0/2F)=237.2/(2\times96500)=1.23$ [V]（F：ファラデー定数 [96500 C mol^{-1}]）であるので燃料電池を直列にスタックして必要な電圧を得ています．住宅の場合，熱は給湯や暖房に利用します．これを**コージェネレーション**といいます．

　高分子電解質膜の両面は触媒を塗布し膜電極接合体（membrane electrode assembly: MEA）と呼ばれる複層膜として利用します．これは燃料電池の心臓部です．白金触媒の粒径は 5 nm の微粒子で比表面積の大きいカーボンブラックの

表面に担持して固定します．ナフィオン膜と同じ成分のアイオノマーを用いてカーボンブラックどうしを接着し，水素の触媒反応は白金触媒の表面の触媒／アイオノマー電解質／ガスの三相界面で起こります．

　ナフィオンの一次構造は，疎水性の主鎖骨格に親水性のスルホ基を有する側鎖がある櫛形です．このため膜の内部ではスルホン酸基が凝集したイオンクラスターと呼ばれるミクロドメインが形成され，チャンネルで連結しています（図1）．ナフィオンは未架橋ですが，主鎖の一部が結晶化することで物理架橋点となり，膜の形状が維持されています．ナフィオンの高いプロトン選択性は①ナノメートル程度の狭い空間にスルホン酸基が高い密度で存在すること，②隣り合うスルホン酸の間をプロトンがホッピングする拡散機構で説明されています．このような高次構造の観察には電子顕微鏡や小角散乱が用いられます．発生した水が触媒付近に溜まると，反応に必要な燃料ガスの供給が滞ってしまいます．これを**フラッディング**と呼び，セル電圧の低下の原因となります．そのため，燃料電池の内部での水管理は重要であり，発電中の電池の内部を観察するためには，透過性の高い中性子線による透視画像観察が有効です．ところで燃料電池による発電メカニズムは，生命のエネルギー獲得と類似しています．細胞内小器官ミトコンドリアでは生理化学的にプロトンを生体膜の片側に偏在させて，電気化学ポテンシャル差を利用して合成酵素（モータータンパク質）を働かせてATPを合成します（1985年のミッチェルの化学浸透圧説）．ATPはエネルギー貯蔵物質として生体内で様々に利用されます．人間の英知で生体のようなエネルギーシステムが創れるでしょうか．これからの高分子科学の発展が楽しみですね．　　　　　　　　　〔小泉〕

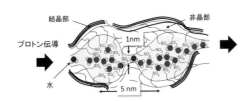

図1　ナフィオンのミクロドメイン（イオンクラスターモデル）

5.10 マテリアルズインフォマティクス

　昨今，多くの企業が**人工知能**（AI）の技術とビッグデータの活用を模索しています．モノづくりの分野でも，AIにおける機械学習と呼ばれる数理技術に基づいて材料開発を行うアプローチが試みられています．このような分野は**マテリアルズインフォマティクス**（MI）と呼ばれ，ルールと目的が明確である場合には，そのアプローチは有効な予測を与えてくれます．低分子化合物や無機材料の分野において急速に発展を遂げています（図1）．

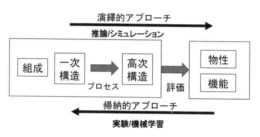

図1　高分子研究とAIのアプローチ

　機械学習には「**教師あり学習**」と「教師なし学習」があります．前者は正解（目的）があるデータを学習する手法であり，目的変数（y）と説明変数（x）を設定し，それらの関係からAIはデータの傾向を学習して**回帰モデル**を提案します．モデルが複雑すぎる場合には，過学習といって予測性能が低下するので，ちょうどよい程度の複雑さをもつモデルに変更して予測を行います．後者の「**教師なし学習**」では，正解は与えられず，似ているデータ群から**クラスタリング**という手法でグループ化を行います．機械学習の言語としては「Python（パイソン）」や「R（アール）」が使われています．機械学習の過程はブラックボックスであり，予測のほとんどは**相関関係**から導かれていますが，思いもつかなかった物質の組合せが提案されたり，隠されたメカニズムによる物性の向上につながったりすることも期待されています．しかし，まだ起こっていないことを考えることはできないので，機械学習とシミュレーションを組み合わせたAIの発達が求められています．

　高分子材料に関しては，データ数の蓄積，質の充実，項目の統一化に向けて，データベースの整備段階にあります（図2）．データの採取については，一度に多量の材料を作製して評価すること（**コンビナトリアル実験技術**）が求められて

います．また，データの効率的な活用（構造化）の取り組みとして，物質材料研究機構の高分子データベース「PoLyInfo」の物性値，学術論文，特許など様々な情報ソースからデータを適切に読み込み，転移学習（別の領域で学習済みの知見とモデルを転用すること）によって拡張することが進められています．ジョージア工科大学を中心とした「Polymer Genome」というデータベースも有名です．

　高分子は低分子と比べて，合成・構造形成・物性発現におけるメカニズムが複雑であり，機械学習を適用することが難しい分野の1つです．ポリマーの主鎖と側鎖の組成と構造，添加剤の効果，プロセス（重合・成形）におけるダイナミクスなどを物性科学的観点から理解して記述を行うことが必要となります．さらに，それらと最終物性・機能をどのように関連付けていくのかが鍵となっています．このようにして，化学構造とガラス転移温度の関係から耐熱性の予測，フィラーの種類と混合比から弾性率の予測などの成果が得られています．

　今後はMIに合わせて実験系を整えることが常識になってくるかもしれません．しかし，予測された結果をいかに解釈して自分の研究に活かしていくのかは，人間が「目利き」として行うべきことです．ポストAIの時代において，人間主導の研究がどのように進展していくのか楽しみです．　　　　　　　　　　〔藤本〕

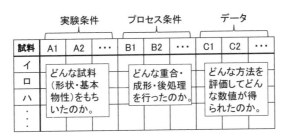

図2　データベース化のための情報入力項目の一例

参考　岩崎悠真「マテリアルズ・インフォマティクス」日刊工業新聞社（2019）
高分子データベース "PoLyInfo"　https://polymer.nims.go.jp/

5.11　バイオアフィニティ

生体内では，酵素と基質，抗体と抗原，レセプターとリガンドに代表されるような生体高分子が特定の物質と特異的かつ可逆的に相互作用し，特異な反応を可能にしています．このような生体物質間に働く親和性を**バイオアフィニ ティ**といいます．生体高分子のバイオアフィニティはタンパク質や核酸の高次構造に由

表1　バイオアフィニティの組み合わせの例

タンパク質	酵素	基質，補酵素，阻害剤
	抗体	抗原，プロテイン A，プロテイン C
	フィブロネクチン	コラーゲン，インテグリン
	ホルモンレセプター	ホルモン
	アビジン	ビオチン
多　糖	糖鎖，複合糖質	レクチン
核　酸	ポリヌクレオチド	相補的塩基配列をもつポリヌクレオチド
	DNA	DNA 結合タンパク質

来した分子認識が鍵となっています（表1）．例えば，レセプターの結合部位には複数のアミノ酸が空間的に配置されています．この配置が作り出す電子雲とリガンド側の電子雲の重なり合いによって，分子間の相互作用（静電相互作用，水素結合，疎水性相互作用など）が起こります．この際，結合サイトと電子雲も形がマッチしているリガンドは，多点で相互作用できるため強く結合（アフィニティが高い）します（**構造相補的相互作用**）．結合が弱い（アフィニティが低い）と，熱運動によってすぐに脱離してしまいます．高分子は熱によって揺らぎにくい構造と多様な作用点を作り出すことができるため，分子認識を司る役割を担っています．リガンドとレセプターをそれぞれ L と R として結合の平衡定数を K_a とすると，$K_a = [LR]/([L][R])$ であり，結合に伴う自由エネルギー変化 ΔG は $\Delta G = -RT \ln K_a$ と表すことができます．すなわち，バイオアフィニティについて熱力学で論じることができます．免疫グロブリン（IgG）は Y 字型のタンパク質で，2つに分かれた両先端が抗原との結合サイトです．抗体一分子に結合している抗原の結合量を r，結合していない抗原の濃度を C_f，n を結合サイトの数とすると，$r/C_f = nK_a - K_a r$ という関係性が成り立ちます（**Scatchard プロット**）．平衡定数 K_a からバイオアフィニティの強さ，n は結合サイトの数がわかります．抗体の場合は 2 となります．

〔福井〕

参考　笠井献一ら「アフィニティクロマトグラフィ」東京化学同人（1991）

5.12　固定化・固相合成

　高分子に別の機能性物質を結合させることによって，新しい特性を付与することができます（**バイオコンジュゲーション**）（表1）．例えば，抗体に蛍光分子を結合することで，抗体に特異的に結合する抗原の検出が可能となります．また，両親媒性の**ポリエチレングリコール**（PEG）を酵素に固定化することによって，酵素は水にも有機溶媒にも可溶となります．これによって酵素の分解反応を生成反応に変換して用いることが可能となります．また，インターフェロンなど生体機能物質をPEG化すると，その周囲に保護層が形成されるため，免疫系による排除の抑制，酵素分解の抑制，サイズ増大に伴う腎臓ろ過による排せつの回避などが期待できます．それによって，長期間にわたって薬剤を体内に留めることが可能となります．また，抗原となる分子（ハプテン）にアルブミンやヘモシアニンなどキャリアタンパク質を結合すると，**免疫原性**を付与することができるため，抗体産生を促すワクチンとして利用されています．

　高分子を基材に固定化することで，機能分子の熱安定性が向上することが知られています（活性の保持）．また，抗体を基板あるいは微粒子に結合することで，未結合の抗原を除去して分離することが可能となります．酵素の場合は，生成物の分離回収に加えて酵素の再利用が可能となります（**固定化酵素**）．Merrifield は，高分子担体上でアミノ酸の縮合を行うことでペプチドを合成し，担体から切断して回収する方法を考案しました（**固相合成**）．液相合成では，分離・精製が容易ではありませんが，固相合成では1つの反応容器で行うことができます．

〔福井〕

表1　タンパク質へのバイオコンジュゲーションの例

生体分子	修飾剤	機能・応用例
抗　体	反応性蛍光分子	抗体の蛍光ラベル化⇒抗原抗体反応を利用した検出
キャリアタンパク質	ハプテン（抗原ペプチド）	ペプチドの免疫原性化⇒ワクチン
抗　体	PEG	抗体医薬のバイオアベイラビリティの向上
酵　素	PEG	溶解性の向上，変性の抑制
アフィニティリガンド	固定化担体	アフィニティ分離

5.13 基質特異性

　酵素は生体内の反応における触媒であり，特定の反応のみを触媒する**基質特異性**を示します（図1）．これは，基質の形と相補的な立体構造をもち，結合部位では複数の分子間相互作用が作用することに起因しています（鍵と鍵穴）．さらに，基質と結合すると酵素自身の立体構造が変化し，触媒反応に有利な活性状態へと変化すると考えられています（**誘起適合**）．また，酵素の活性部位以外の場所に活性化剤や阻害剤が結合して立体構造の変化を起こすことで，反応の調節が行われます．このようにタンパク質の高次構造を変化させて機能を調節する**機構を**アロステリック効果**といいます．この効果は，ヘモグロビンにも見られ，4つの結合サイトのうち1つが酸素と結合すると立体構造が変化し，他のサイトの酸素結合能が上がります．これにより，酸素濃度の低い組織中では酸素結合能が低くなって酸素を手放し，酸素の多い肺においては高い酸素結合能を示します．

図1　酵素による基質の認識モデル

　最近，PET 樹脂を分解できる細菌が発見され，分解酵素（PETase）が単離されました．これは細菌が廃棄物リサイクル場で PET を分解できるように進化したと考えられています．人工的な進化の試みとして，実験室で多様なタンパク質分子を作製して有用なタンパク質を選別すること（進化分子工学）が行われています．さらに，得られたデータを基にして，合理的なタンパク質デザインが模索されています．現在，より高い活性と特異性の発現を目指して，PETase の活性サイトの構造を変異させた人工酵素が作られています． 〔福井〕

　参考　大西正建「酵素の科学」学会出版センター（1997）

5.14 タンパク質合成

　細胞内では，膨大の種類の**タンパク質**が常に産生され，これらタンパク質の機能発現により生命活動が行われています（図1）．タンパク質の**アミノ酸配列**（一次構造）は，細胞核内 DNA の塩基配列に遺伝情報として保存されています．この塩基配列を鋳型として，メッセンジャー RNA（mRNA）に必要な遺伝情報が写し取られます（**転写**）．3塩基の連続した配列が1つのアミノ酸に対応し，mRNA が鋳型となって，アミノ酸どうしが次々と結合しタンパク質が合成されます（**翻訳**）．このようにタンパク質が発現するまでの過程を「**セントラルドグマ**」といいます．さらに，タンパク質の分子内相互作用によって折りたたまれます（**フォールディング**）．この際，**シャペロン**というタンパク質が高次構造の形成を助けることが知られています．その後，ジスルフィド結合形成，リン酸化，糖鎖付加などの化学修飾（翻訳後修飾）を経て，タンパク質としての機能を獲得していきます．

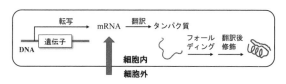

図1　細胞内におけるタンパク質合成

　以上のようなプロセスを利用して，望みの構造と機能を有するタンパク質が人工的に合成されてきました（**タンパク質工学**）．例えば，**緑色蛍光タンパク質**（GFP）と特定のタンパク質を融合した蛍光ラベル化タンパク質が挙げられます．まず，ゲノム編集などの遺伝子工学を用いて，目的のタンパク質のアミノ酸配列に対応した遺伝子を作製し，遺伝子の発現に必要な指令を与えるプロモーター配列とともに**プラスミド** DNA に組み込みます．これを，大腸菌，動物細胞などの宿主細胞に導入し，細胞内で発現させ，目的のタンパク質を得ることができます．また，細胞外から人為的に mRNA を細胞内に入れることができれば，その mRNA にコードしたタンパク質を合成することができます（mRNA ワクチン）．

〔福井〕

参考　杉本直己「生体分子化学 基礎から応用まで」講談社（2017）
　　　　C. M. ドブソンら「ケミカルバイオロジーの基礎」化学同人（2004）

5.15 再生医療

組織の損傷が大きく自然治癒が困難な場合は，人工臓器や臓器移植による治療が行われます．一方，材料の生体適合性が不十分，免疫系による拒絶反応など課題が多いのが現状です．そこで，生体が元来備えている再生能力を引き出して組織損傷の修復を目指す**再生医療**の研究が進められてきました．**細胞移植**は，試験管内において増殖・分化させた細胞を欠損部位に直接注入する方法で，造血幹細胞など骨髄細胞の移植が実用化されています．一方，血液細胞以外の細胞は，タンパク質，プロテオグリカンなどから構成される細胞外マトリックス（ECM）に囲まれて存在しているため，細胞のみを移植しても効果は望めません．生体内では，細胞はECMを足場として定着し，そこに増殖，分化などを促すタンパク質，遺伝子などのシグナル因子が与えられて，細胞機能の調節と三次元組織の構築が行われています．このような生体内の細胞周辺環境を人工的に構築することで，組織再生を促す組織工学が考えられました（図1）．人工多能性幹（iPS）細胞であっても細胞足場は重要です．**細胞足場**の構築には，ラミニン，コラーゲン，ゼラチンなどの細胞接着性の生体高分子やポリ乳酸などの生分解性高分子が用いられ，これらをスポンジ状あるいはシート状に成形し，**細胞**を播種します．足場には各種**シグナル因子**を封入し，薬物徐放制御などのDDS技術を用いて組織再生に適した環境を作り出します．

このような組織工学技術は，再生医療のみならず，マイクロ流路内に臓器を模した細胞集団を置いたOrgan-on-a-chipや，ミニ臓器と呼ばれる細胞の集合塊（**オルガノイド**）の創製に応用され，創薬スクリーニングのための組織・臓器モデルとしても用いられています．

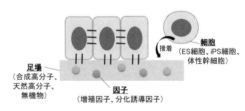

図1　組織工学における三要素

〔福井〕

参考　田畑泰彦編「再生医療のためのバイオマテリアル」コロナ社（2006）
古川克子，人工臓器，40，3（2011）

5.16 バイオエコノミー，合成生物学，ゲノム編集

　バイオエコノミーとは，生物資源とバイオテクノロジーを用いて地球規模課題の解決と経済発展の共存を目指す考え方です．遺伝子改変により細胞や微生物をデザインし，細胞自体を物質生産工場とすることで，石油資源に頼らず環境低負荷な物質生産やクモの糸など新素材の開発が期待されています．中でもゲノム編集技術の発展により，生物細胞の高度なデザインとその機能発現の制御が可能になると期待されています．**ゲノム編集**とは，DNA の狙った位置を正確に改変する技術であり，基礎生命科学から医学的治療，さらには様々な産業分野への利用が期待されています．これを可能にしたのが，人工 DNA 切断ツールである**制限酵素**です．細菌が有する防御システムには，ウイルスなど侵入した外来 DNA を切断し，不活化するための酵素が存在します．これを人工的に改良することで，特定の遺伝子のみを切断可能な制限酵素であるジンクフィンガーヌクレアーゼ（ZFN），テールヌクレアーゼ（TALEN），**クリスパー・キャス 9**（CRISPR-Cas9）が開発されました．CRISPR はゲノムの狙いの場所につくための RNA であり，Cas9 は切断する酵素です．これらゲノム編集ツールを用いて，目的の遺伝子を破壊すること（遺伝子ノックアウト）や切断箇所に外来遺伝子を挿入すること（遺伝子ノックイン）で，ゲノム編集が可能となります（図1）．ゲノム編集により，農作物へのストレス耐性，耐病性など新しい特性の付与が期待されています．また，農作物の増収化にも用いられています．医療分野では，ウイルスベクターやナノ粒子を利用して，ゲノム編集ツールを体内に直接導入することで，遺伝性疾患の治療が試みられています．

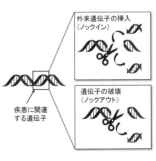

図1　ゲノム編集による遺伝子改変

〔福井〕

参考　山本　卓「ゲノム編集とはなにか」講談社（2020）
　　　　久原　哲監修「スマートセルインダストリー」シーエムシー出版（2018）

5.17　高分子で伝えたいこと

　みなさんがこの本を手に取っていらっしゃるのは，高分子と何らかの関りを持たれたということです．この本を通して，高分子は社会において重要です，役に立ちます，と主張しようとは考えていません．ただ，この本をきっかけにして，高分子がどのようなものなのか，どのような可能性を秘めているのかについて，考えていただければ幸いです．何度も繰り返して高分子に関連する事柄に触れることによって，みなさんの内側の深いところに「高分子」が育っていきます．それがみなさんにとってコアとなり，新たなことが生まれて，湧き出てくる拠点となります．それが「学問する」ということです．みなさんは地図の中心に「高分子」に関連することを置き，そこを広げ，深めるとともに，周囲の分野にまで越境していくようになります（図1）．高分子というものは，どこまで解っていて，どんなことが解っていないのかが明確となり，どの方向に進んでいけば面白そうかという視点が得られるようになります．そのもとで，問題提起と目的設定を行い，そして具体的にアプローチし，得られた結果の判断と決定を行っていきます．その際には，性急な成果主義に踊らされて目的から必要なことを逆算するのではなく，考えられる限りのことを積み重ねて可能性を広げていく姿勢を大切にしてほしいと思います（可能性志向）．その上で絞り込んで進めてほしいと思います．本当に素晴らしいことは，天才と呼ばれる人たちが生み出しているのではなく，普通の人たちが地道に考えて行うことによって，生み出されているのです．この本がその一助になれば，著者一同幸いです．

〔藤本〕

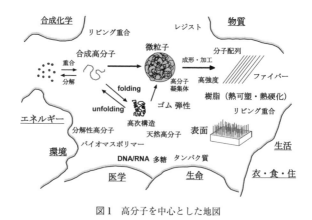

図1　高分子を中心とした地図

付　録

■2.2節より

　代表的な高分子の T_g と T_m の値を示します．T_g において高分子の比容積，比熱，屈折率などが不連続に変化します．また，力学的には弾性率が大幅に低下します．そのため，T_g は非晶性高分子の耐熱性の目安となります．

表1　代表的な高分子の T_g と T_m

高　　分　　子	$T_g/℃$	$T_m/℃$	高　　分　　子	$T_g/℃$	$T_m/℃$
ポリエチレン	−125	137	ナイロン-6	53	220
ポリプロピレン	−20	186	ナイロン-66	65	255
ポリスチレン	100		ナイロン-6T	135	320
			（T：テレフタル酸）		
1,4-シスポリイソプレン	−73	25	ポリエチレンテレフタレート	75	265
テトラフルオロエチレン	127	327	ポリエチレンナフタレート	119	272
ポリ塩化ビニル	70	212	ポリブチレンテレフタレート	22	227
ポリ酢酸ビニル	30		ポリカーボネート	145	
ポリビニルアルコール	85	225	p-ポリフェニレンオキシド	90	290
ポリメタクリル酸メチル	105		m-ポリフェニレンオキシド	45	
Isotactic-ポリメタクリル酸メチル	50		p-ポリフェニレンスルフィド	92	280
Syndiotactic-ポリメタクリル酸メチル	123		m-ポリフェニレンスルフィド	27	133
ポリメタクリル酸ブチル	20		ポリスルホン	190	非晶性
ポリメタクリル酸ドデシル	−65		ポリエーテルエーテルケトン	143	334
ポリジメチルシロキサン	−123		ポリイミド	410	非晶性

■2.10節より

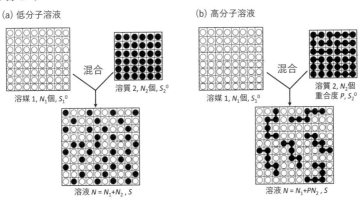

図1　(a) 低分子溶液の様子，(b) 高分子溶液の様子

■2.3節より

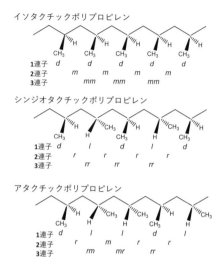

図2　ポリプロピレンの代表的な立体規則性

プロピレンのように置換基を有するモノマーを重合すると，主鎖に不斉炭素が誘起されます．個々の炭素（1連子）でみていくと，*d* 体あるいは *l* 体がつながっていると考えられます．隣り合う2個の炭素からなる単位（2連子）で考えると，同じ立体配置の場合（*dd* と *ll*）はメソ（meso, *m*），異なる場合（*dl* と *ld*）はラセモ（rasemo, *r*）と呼びます．隣り合う3個の炭素からなる単位（3連子）では，*mm* と *rr* の場合は，それぞれイソタクチックとシンジオタクチックと呼びます．また，*mm, rr, mr* が不規則に現れる場合はアタクチックと呼びます．

■3.5節より

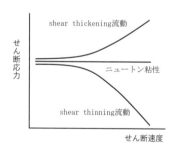

図3　非ニュートン液体の粘性

■3.11 節より

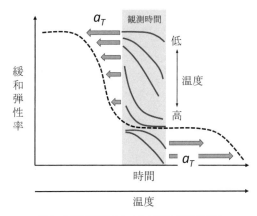

図4　緩和弾性率のシフトと時間-温度換算則

■4.4 節より

表2　ラジカル重合の方法

重合方法	反応の仕込み方	重合速度	重合熱の除去	生成する高分子の形状
溶液重合	溶媒にモノマーと開始剤を溶解させ，溶液系で重合させる	他の重合方法よりは遅くなる	溶媒が重合熱を吸収	高分子溶液が得られ，再沈殿による精製が必要
塊状重合	モノマーに開始剤を溶解させ，そのまま重合させる	反応続度は速く，途中加速する場合もある	重合温度の制御が困難	重合した容器の形状（フィルム，塊など）で得られる
懸濁重合	水にとけないモノマーと開始剤を水中で強くかき混ぜて，分散させながら重合させる 分散安定剤を加えることがある	塊状重合と同様に速い	分散媒が重合熱を吸収	数 mm 程度の小さな粒状の高分子が得られる
分散重合	モノマーは可溶であり，生成ポリマーが不溶となる溶媒を用いて撹拌しながら重合させる 分散安定剤を加えることがある	溶液重合よりも速い 濃度条件に依存	溶媒が重合熱を吸収	数百 nm から数 μm 程度の小さな粒状の高分子が得られる
乳化重合	水にとけないモノマーと乳化剤あるいは界面活性剤を水中で強くかき混ぜて，懸濁させながら水溶性の開始剤を加えて重合させる	停止反応が遅く，速く重合が進行	水が重合熱を吸収	生成高分子が懸濁した乳濁液として得られる

表3　重縮合の方法

重合方法	反応の仕込み方	適用可能なモノマー	特　徴	代表例
溶融重合	無溶媒で，モノマーおよび生成ポリマーの融点以上に加熱し，溶融状態で重合させる	モノマー，ポリマーともに熱的に安定なものに限られる	ポリマーの精製が容易	ナイロン66，ポリエチレンテレフタレート
溶液重合	溶液中で，モノマーおよび生成ポリマーを溶解した状態で重合させる重合溶媒として，非プロトン性極性溶媒がよく用いられる	反応性が高い酸塩化物や酸無水物モノマー	高分子溶液が得られる	芳香族ポリアミド
界面重合	水にジアミンやジオールを溶解させ，水と混合しない有機溶媒にジカルボン酸塩化物を溶解させ，両者を混合した際の界面で重合させる	高温で分解しやすいポリマーや高融点ポリマー	2種のモノマーを等モルにする必要がない	ポリカーボネート
固相重合	モノマーやポリマー前駆体の融点以下の温度で重合させる一般に，ポリマーの融点より20〜30℃以下で行われる	溶融，溶液重合が適用できないモノマー	モノマーの結晶状態を反映した配向性ポリマーとなる	ポリアミドやポリエステル

■4.16節より

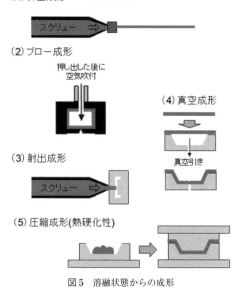

（1）押出成形　　フィルム・シートも

（2）ブロー成形

押し出した後に
空気吹付

（4）真空成形

真空引き

（3）射出成形

（5）圧縮成形（熱硬化性）

図5　溶融状態からの成形

文　　献

高分子全般に関する参考図書

井本　稔，斎藤喜彦「高分子化学概説」朝倉書店（1975）

岡村誠三ら「第2版 高分子化学概論」化学同人（1981）

高分子学会編「第2版 高分子科学の基礎」東京化学同人（1994）

高分子学会編「第2版 基礎高分子科学」東京化学同人（2020）

中浜精一ら「エッセンシャル高分子科学」講談社（1988）

土田英俊「高分子の科学」培風館（1975）

柴田充弘「基本高分子化学」三共出版（2012）

澤口孝志ら「基礎高分子科学改訂版」共立出版（2018）

成智聖司ら「基礎高分子化学」朝倉書店（1995）

井上賢三ら「高分子化学」朝倉書店（1994）

東　信行ら「高分子科学」講談社（2016）

高分子物理学に関する参考図書

斎藤信彦「高分子物理学」裳華房（1958）

久保亮五監修「ド・ジャン高分子の物理学」吉岡書店（1984）

田中文彦「高分子の物理学」裳華房（1994）

土井正男，小貫　明「高分子物理・相転移ダイナミクス」岩波書店（1992）

松下裕秀ら「高分子の構造と物性」講談社（2013）

小野木重治「化学者のためのレオロジー」化学同人（1982）

高分子合成に関する参考図書

大津隆行「改訂・高分子合成の化学」化学同人（1968）

大津隆行，木下雅悦「高分子合成の実験法」化学同人（1972）

高分子学会編「高分子科学実験法」東京化学同人（1981）

高分子学会編「新高分子実験学 高分子の合成・反応（1）（2）（3）」（1995）

井上祥平「高分子合成化学・改訂版」裳華房（2011）

遠藤　剛編「高分子の合成（上）（下）」講談社（2010）

高分子反応・加工に関する参考図書

高分子学会編「高分子反応」共立出版（1978）

高分子学会編「高分子加工 One Point（1）～（10）」共立出版（1992-1995）

機能性高分子に関する参考図書

尾崎邦宏監修，松浦一雄編著「図解高分子材料最前線」工業調査会（2002）

川上浩良「工学のための高分子材料化学」サイエンス社（2001）

桑嶋　幹ら「よくわかる最新プラスチックの仕組みとはたらき」秀和システム（2019）

井上祥平「生体高分子」化学同人（1984）

辻　秀人「生分解性高分子材料の科学」コロナ社（2002）

高分子データベース　　https://polymer.nims.go.jp/

国立研究開発法人物質・材料研究機構（NIMS）は高分子材料，無機材料，金属材料，複合材料などに関するデータベースを提供しています．高分子データベースは"PoLyInfo"と呼ばれ，高分子材料設計に必要とされる様々なデータを収集し，体系的に整理して提供しています．ポリマーの基礎物性，化学構造，名称，重合方法，成形方法，熱的物性，電気的物性，機械的物性，NMR スペクトルなど豊富な内容を含んでいます．

高分子学会　　https://www.spsj.or.jp/

索　　引

著者紹介

藤 本 啓 二（ふじもと けいじ）
慶應義塾大学理工学部応用化学科
教授
博士（工学）
https://www.applc.keio.ac.jp/~fujimoto/lab.html

川 口 正 剛（かわぐち せいごう）
山形大学大学院有機材料システム研究科 教授
博士（工学）
https://kawaguchi.yz.yamagata-u.ac.jp/

小 泉　 智（こいずみ さとし）
茨城大学大学院理工学研究科ビームライン科学領域 教授
工学博士
http://living.base.ibaraki.ac.jp/

福 井 有 香（ふくい ゆうか）
慶應義塾大学理工学部応用化学科
専任講師
博士（工学）
https://www.applc.keio.ac.jp/~fujimoto/lab.html

箕 田 雅 彦（みのだ まさひこ）
京都工芸繊維大学工芸科学研究科
分子化学系 教授
工学博士
http://precision-mat.chem.kit.ac.jp/index.html

本 柳　 仁（もとやなぎ じん）
京都工芸繊維大学工芸科学研究科
分子化学系 准教授
博士（工学）
http://precision-mat.chem.kit.ac.jp/index.html

高分子基礎ガイド

定価はカバーに表示

2022 年 2 月 1 日　初版第 1 刷

著 者	藤　本　啓　二	
	川　口　正　剛	
	小　泉　　　智	
	福　井　有　香	
	箕　田　雅　彦	
	本　柳　　　仁	
発行者	朝　倉　誠　造	
発行所	株式会社 朝　倉　書　店	

東京都新宿区新小川町 6-29
郵 便 番 号　162-8707
電　話　03（3260）0141
Ｆ Ａ Ｘ　03（3260）0180
https://www.asakura.co.jp

〈検印省略〉

シナノ印刷・渡辺製本

Printed in Japan

ISBN 978-4-254-25044-2　C 3058

前首都大 伊與田正彦・首都大 佐藤総一・首都大 西長　亨・
首都大 三島正規著

基礎から学ぶ有機化学

14097-2 C3043　　　　　　　A 5 判 192頁 本体2800円

理工系全体向け教科書〔内容〕有機化学とは／結合・構造／分子の形／電子の分布／炭化水素／ハロゲン化アルキル／アルコール・エーテル／芳香族／カルボニル化合物／カルボン酸／窒素を含む化合物／複素環化合物／生体構成物質／高分子

前阪大 山口　兆著
朝倉化学大系 1

物 性 量 子 化 学

14631-8 C3343　　　　　　　A 5 判 384頁 本体7600円

具体的な物性と関連づけて強相関電子系の量子化学を解説。〔内容〕物性量子化学基礎理論／物性・機能発現への展開(分子デバイス構築基礎論)／生体分子磁性と生体機能発現への展開(遷移金属酵素系：光合成の理論的取り扱い)

前阪大 戸部義人・東工大 豊田真司著
朝倉化学大系 4

構 造 有 機 化 学

14634-9 C3343　　　　　　　A 5 判 296頁 本体5700円

有機化合物を対象に，その物理的，化学的および分光学的性質と密接に関係する，分子構造について解説した上級向け教科書。〔内容〕有機構造の基礎：結合とひずみ／立体構造／非局在結合／反応性中間体／特殊な構造

前京大 小澤文幸・前名大 西山久雄著
朝倉化学大系 16

有 機 遷 移 金 属 化 学

14646-2 C3343　　　　　　　A 5 判 276頁 本体5700円

有機金属錯体の基礎から，合成・触媒反応など応用まで解説した上級向け教科書。〔内容〕有機遷移金属錯体の構造／有機遷移金属錯体の結合／遷移金属錯体の反応／遷移金属錯体を用いる有機合成反応／不斉遷移金属触媒反応

前お茶女大 宮本惠子著
やさしい化学30講シリーズ 5

化 学 英 語 30 講
—リーディング・文法・リスニング—

14675-2 C3343　　　　　　　A 5 判 184頁 本体2400円

化学英語恐るるに足らず。演習を解きながら楽しく化学英語を学ぶ。化学英語特有の文法も解説。〔内容〕リーディング：語彙，レベル別英文読解，リスニング：発音，リピーティングとシャドーイングほか，文法：文型，冠詞，複合名詞ほか

早稲田大学先進理工学部生命医科学科編

生 命 科 学 概 論 (第2版)
—環境・エネルギーから医療まで—

17169-3 C3045　　　　　　　B 5 判 164頁 本体2700円

理工系のための，一冊で生命科学の全体像をつかめる入門テキスト。〔内容〕生命と生命科学／遺伝と遺伝物質／細胞の構造と各部の役割／エネルギー代謝／生命の誕生から死まで／生物の進化／遺伝子工学の基礎／食品・医薬品と生物／他

横国大 上ノ山周・横国大 相原雅彦・阪大 岡野泰則・
阪大 馬越　大・千葉大 佐藤智司著

新版 化 学 工 学 の 基 礎

25038-1 C3058　　　　　　　A 5 判 216頁 本体3000円

化学工学の基礎をやさしく解説した教科書の改訂版。新しい技術にも言及。〔内容〕基礎(単位系，物質・エネルギー収支，気体の状態方程式，プロセス制御)／流体と流動／熱移動(伝熱)／物質分離(平衡分離，速度差分離等)／反応工学

日大 日秋俊彦編著　児玉大輔・栗原清文・松田弘幸・
佐藤敏幸・松本真和著

標 準 化 学 工 学 I
—収支・流体・伝熱・平衡分離—

25040-4 C3058　　　　　　　B 5 判 128頁 本体2700円

化学工学とはどんな学問であるか，全般的に学ぶ教科書のI巻。例題とその解答で理解を深める。〔内容〕化学工学とは／物質収支とエネルギー収支／流体輸送／熱移動操作／分離プロセス(平衡分離：蒸留・ガス吸収・液液抽出・晶析)

日大 日秋俊彦編　佐藤敏幸・松本真和・岡田昌樹・
児玉大輔・保科貴亮著

標 準 化 学 工 学 II
—反応・制御・速度差分離—

25041-1 C3058　　　　　　　B 5 判 136頁 本体2700円

I巻に続き化学工学の基礎を例題で理解度を確認しながら解説。II巻だけ独立に読むことも可能。〔内容〕反応速度論／分離プロセス(速度差分離：晶析・吸着・調湿・乾燥・膜)／化学反応操作(均一・不均一・バイオ反応)／プロセス制御

前京大 橋本伊織・前京大 長谷部伸治・京大 加納　学著

新版 プ ロ セ ス 制 御 工 学

25042-8 C3058　　　　　　　A 5 判 208頁 本体3800円

化学系向け制御工学テキストとして好評の旧版を加筆・修正。〔内容〕概論／伝達関数と過渡応答／周波数応答／制御系の特性／PID制御／多変数プロセスの制御／モデル予測制御／システム同定の基礎／統計的プロセス管理